手作教室的人氣小物大集合！

暖心訂製‧
手織小物 70 款

岡本啟子◎監修

Contents

Part 1　溫暖小物

1, 2	線條美麗的引上針手織襪	……5
3, 4	上下針的螺旋紋針織帽	……8
5, 6	令人愛不釋手的北歐風手套	……10
7	六色條紋圍巾	……12
8	Lily-yarn輕柔針織圍脖	……14
9	花樣拼接圍脖	……14
10	花呢拼接迷你披肩	……16
11-13	遊彩雙色襪	……18
14	多彩球飾皮草領圍	……20
15	皮草滾邊艾倫露指長手套	……22
16, 17	粗針織覆耳親子帽	……24
18	豔彩橫紋露指手套	……26
19, 20	圈圈毛絨保暖圍脖	……28
21, 22	伸縮自如的長・短兩用手套	……30
23, 24	可愛的點點水玉圍脖	……32
25, 26	一線到底的織花圍巾	……34
27	保暖首選連帽圍脖	……36

Part 2　時尚小物

28, 29	大小任選！立體花朵別針提袋	……39
30, 31	想要作為衣服或包包裝飾的針織胸花	……42
32	繽紛多彩的荷葉邊束口袋	……44
33, 34	鉤針織的蝴蝶結形手拿包	……45
35	金屬鏈皮草手拿包	……50
36, 37	圓形織片的一體成型口金包　大・小	……52
38, 39	大人氣的星形鉤織馬歇爾包	……54
40	玉米造型寶特瓶袋（適用350㎖）	……55
41, 42	環環相連的針織項鍊	……60
43, 44	千鳥格紋購物袋	……62
45	直線編織就能完成的交叉編手提包	……64
46	容納長夾也OK的手拿包	……66
47-49	一眼認出自己的傘！透明傘手把針織套	……68

Part 3　居家小物

50-52	穿著橫紋衣的針織小老鼠	……71
53-55	放在洗手台也很可愛的蝴蝶結清潔刷	……74
56-59	浴室清潔好幫手──荷葉邊清潔刷	……76
60, 61	親子鬆緊髮帶	……78
62, 63	可愛的條紋小粽子零錢包	……80
64, 65	以現成羊毛氈鞋底完成的輕便家居鞋	……82
66	讓熱飲維持暖呼呼的針織杯套	……84
67	毛茸茸綿羊造型捲尺套	……84
68-70	以滑針編織的花樣編坐墊	……86

棒針編織基礎　……90
鉤針編織基礎　……93

編織，是近來備受歡迎的手作課程。

連日來，在各地的手工藝品店、工作室及咖啡店

熱烈展開了各種編織課程。

短時間內就能輕鬆完成出色的作品，

這種成就感正是課程的魅力所在。

本書收錄的70款作品，皆是手作課大人氣的可愛鉤織小物。

包含寒冬裡不可或缺的帽子、圍脖等溫暖小物，

包包或小飾品等，穿搭配件的時尚小物，

以及坐墊、清潔刷等居家便利的生活小物。

無論是一人獨處，還是與朋友一起。

以雀躍的心情來享受手作的樂趣，

試著挑戰一件手織小物吧！

本書使用Hamanaka生產的手織毛線，商品資訊請參考官網。

Hamanaka Co., Ltd.
京都總公司　〒616-8585　京都市右京區花園藪之下町2-3　　Tel.075-463-5151（代表）
東京分店　　〒103-0007　東京都中央區日本橋濱町1-11-10　Tel.03-3864-5151（代表）
http://www.hamanaka.co.jp

Part 1

溫暖小物

冬季的手作課程,最受青睞的莫過於
鉤織完馬上就能穿戴的溫暖小物了。
本單元匯集了帽子、圍脖、襪子及手套等
各種小物,完成的成品似乎將成為吸睛焦點呢!

1
短筒襪

2
中筒襪

1, 2

線條美麗的
引上針手織襪

Design：小田島綾美

難 易 度	★ ★ ☆
線 材	Hamanaka 純毛中細
針	3/0號鉤針
織 法	P.6

線材	Hamanaka 純毛中細（40g／球） 1 米白色（1）70g　2 橄欖黃（33）90g
針	Hamanaka Amiami 樂樂雙頭鉤針 3/0號
密度	長針　26針 14段＝10cm正方形 花樣編　26針 15段＝10cm正方形
尺寸	22.5cm～23cm

織法
取單線鉤織。
1 從腳尖開始鉤織，鎖針起針10針，剪線。依織圖在指定位置接線，一邊加針一邊鉤織6段的長針與花樣編。
2 接著以長針鉤織腳底，以花樣編鉤織腳背，沿橢圓形腳尖織片鉤織19段後，剪線。
3 在指定位置上接線，依織圖以長針的往復編鉤織腳跟，再對齊併縫兩側。
4 在指定位置上接線，以花樣編的輪編鉤織襪筒。
5 接續鉤織一段緣編。
6 以相同作法鉤織另一腳。

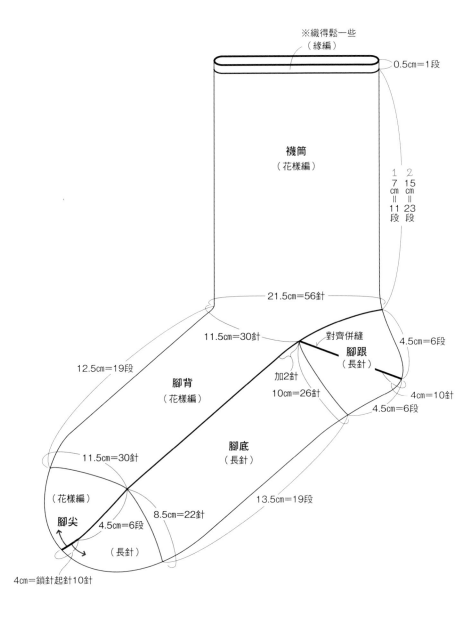

※織得鬆一些
（緣編）

0.5cm＝1段

襪筒
（花樣編）

1　2
7　15
cm　cm
＝　＝
11　23
段　段

21.5cm＝56針

11.5cm＝30針

對齊併縫
腳跟
（長針）

4.5cm＝6段

12.5cm＝19段

腳背
（花樣編）

加2針
10cm＝26針

4cm＝10針

4.5cm＝6段

11.5cm＝30針

腳底
（長針）

13.5cm＝19段

（花樣編）

腳尖

4.5cm＝6段

8.5cm＝22針

（長針）

4cm＝鎖針起針10針

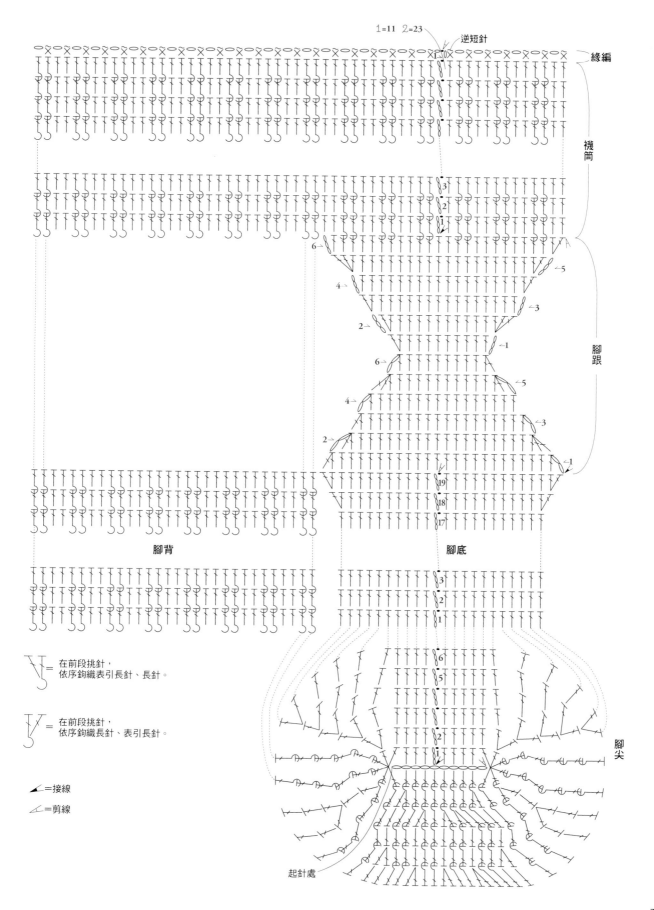

1=11　2=23　　逆短針

緣編

襪筒

腳跟

腳背　　腳底

腳尖

起針處

⊤ = 在前段挑針，
依序鉤織表引長針、長針。

⊤ = 在前段挑針，
依序鉤織長針、表引長針。

◢=接線

◸=剪線

7

3
大人款

3, 4

上下針的
螺旋紋針織帽

Design：石原文惠

難易度	★ ★ ☆
線材	Hamanaka Amerry
針	6號、4號棒針
織法	3 大人款　P.9 4 兒童款　P.88

4

兒童款

3 上下針的螺旋紋針織帽（大人款）

線材	Hamanaka Amerry（40g／球）　灰色（22）80g
針	Hamanaka Amiami 6號單頭棒針 2枝
	4號特長雙頭棒針 4枝
密度	花樣編　19針 29段＝10cm正方形
尺寸	頭圍48cm　高22cm

織法
取單線鉤織。

1　別線起針50針，依織圖一邊在右側加針、在左側減針，一邊進行花樣編，織完最後一段後暫休針。

2　一邊拆開起針別線一邊挑針，將起針段與休針段正面相對疊合，進行引拔接合。

3　在減針側挑針，以輪編編織一針鬆緊針，最後進行一針鬆緊針的收縫。

4　在加針側穿線，以平針法穿線兩圈後，縮口束緊。

5　製作毛球，完成後縫於帽子頂端即完成。

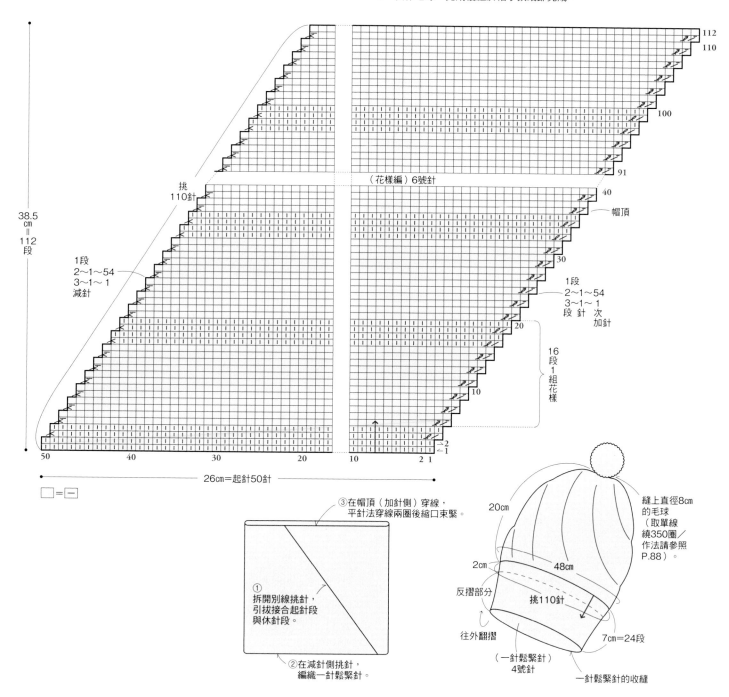

③在帽頂（加針側）穿線，
平針法穿線兩圈後縮口束緊。

①
拆開別線挑針，
引拔接合起針段
與休針段。

②在減針側挑針，
編織一針鬆緊針。

縫上直徑8cm
的毛球
（取單線
繞350圈／
作法請參照
P.88）。

9

5, 6

令人愛不釋手的北歐風手套

Design：宮本寬子

難易度	★ ★ ★
線材	Hamanaka Amerry
針	7號棒針
織法	P.11

5   6

5,6 令人愛不釋手的北歐風手套

線材	Hamanaka Amerry（40g／球）
	5 自然黑（24）30g 米色（21）25g
	6 墨水藍（16）30g 米色（21）25g
針	Hamanaka Amiami 7號短棒針 5枝
密度	平面針的織入圖案 21針 24段＝10cm正方形
	平面針 21針 27段＝10cm正方形
尺寸	手圍21cm 長27.5cm

織法
取單線鉤織。
1 別線起針36針，挑鎖針裡山接合成圈。
2 第2段織上針，接著一邊加針一邊進行平面針的織入圖案。
　在大拇指開口處織入別線。
3 依織圖進行指尖的減針，最後的針目穿線後縮口束緊。
4 拆開大拇指開口處的別線挑針，進行輪編的平面針，最終段穿線，縮口束緊。
5 一邊拆開起針別線一邊挑針，看著內側織下針的套收針。
6 調整大拇指開口的位置，以相同要領完成另一隻手套。

大拇指的挑針法

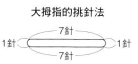

大拇指（平面針）
5 自然黑 6 墨水藍

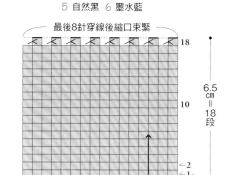

□ = □
▨ = 5 自然黑　6 墨水藍
□ = 米色

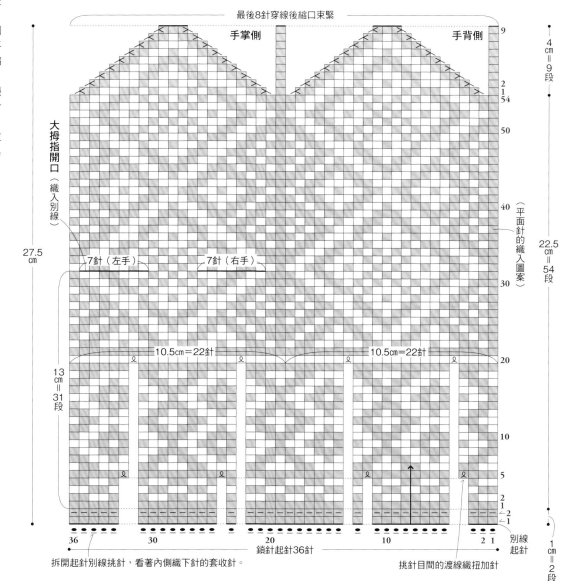

拆開起針別線挑針，看著內側織下針的套收針。

挑針目間的渡線織扭加針

7

六色條紋圍巾

Design：chu-chu

難易度	★ ☆ ☆
線材	Hamanaka Amerry
針	6/0號鉤針
織法	P.13

7　六色條紋圍巾

線材	Hamanaka Amerry（40g／球）　藍綠色（12）、
	綠色（14）、紫色（18）、灰色（22）各30g
	奶油色（2）、芥末黃（3）各15g
針	Hamanaka Amiami 樂樂雙頭鉤針 6/0號
密度	花樣編　20針＝10cm　4段＝3cm
尺寸	寬15cm　長171.5cm（含流蘇）

織法

取單線依指定配色鉤織。

1　取藍綠色線鉤鎖針起針343針，鉤織一段長針後剪線。

2　取紫色線鉤鎖針起針24針，在第一段的指定位置引拔後，繼續以花樣編鉤295針，再鉤鎖針24針，鉤完第三段的長針後剪線。

3　依序以指定色鉤織完成就剪線的方式進行，而偶數段兩端24針鎖針起針的部分，會形成流蘇。

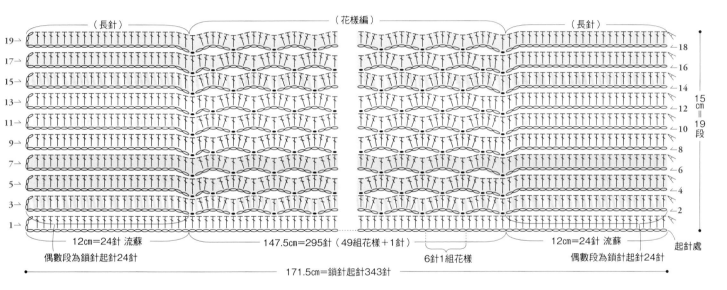

=剪線

―― ＝奶油色

―― ＝芥末黃

―― ＝綠色

―― ＝灰色

―― ＝紫色

―― ＝藍綠色

8

Lily-yarn輕柔針織圍脖

Design ：奈良志麻

難 易 度	★ ☆ ☆
線材	Hamanaka Sonomono Alpaca Lily
針	8/0號鉤針
織 法	P.15

9

花樣拼接圍脖

Design ：村松則子

難 易 度	★ ☆ ☆
線材	Hamanaka Sonomono Loop、Sonomono〈合太〉
針	15號棒針　6/0號鉤針
織 法	P.15

8 Lily-yarn輕柔針織圍脖

線材	Hamanaka Sonomono Alpaca Lily（40g／球） 米白色（111）130g
針	Hamanaka Amiami 樂樂雙頭鉤針 8/0號
密度	花樣編　2組花樣＝9.5cm　3組花樣（12段）＝10cm
尺寸	寬24cm　總長114cm

織法
取單線鉤織。
1 鎖針起針51針，不加減針鉤織花樣編。
2 一邊鉤織最終段，一邊以引拔針接合第一段，連接成環。

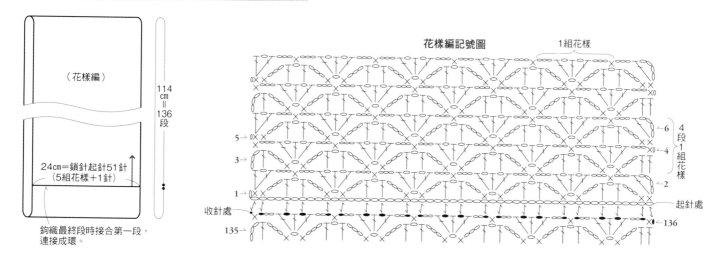

（花樣編）

114cm ＝ 136段

24cm＝鎖針起針51針
（5組花樣＋1針）

鉤織最終段時接合第一段，
連接成環。

花樣編記號圖　　1組花樣

6段
1組花樣

收針處

起針處

135→　　136

9 花樣拼接圍脖

線材	Hamanaka Sonomono Loop（40g／球）　米白色（51）100g
	Sonomono〈合太〉（40g／球）　米白色（1）100g
針	Hamanaka Amiami 15號單頭棒針 2枝　樂樂雙頭鉤針 6/0號
密度	平面針　12針 20段＝10cm正方形
	花樣編　27針＝10cm　10段＝10cm強
尺寸	寬20cm　總長130cm

織法
取單線鉤織。
1 A為別線起針24針，不加減針編織平面針，完成後暫休針。
2 B為鎖針起針49針，不加減針鉤織64段花樣編後，
　在兩側鉤織緣編。
3 平針併縫接合B與A的休針段。
4 拆開A的起針別線，同樣與B接合，形成環狀。

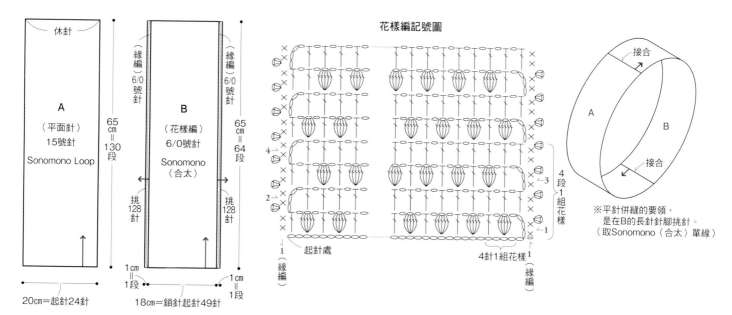

花樣編記號圖

休針

A
（平面針）
15號針
Sonomono Loop

65cm ＝ 130段

20cm＝起針24針

（緣編）6/0號針

B
（花樣編）
6/0號針
Sonomono
〈合太〉

65cm ＝ 64段

挑128針

18cm＝鎖針起針49針

1cm ＝ 1段

（緣編）

起針處

4針1組花樣

4段1組花樣

接合

A　B

接合

※平針併縫的要領，
　是在B的長針針腳挑針。
　（取Sonomono〈合太〉單線）

10

花呢拼接迷你披肩

Design ：有賀年江

難易度	★ ★ ☆
線材	Hamanaka Aran Tweed、Exceed Wool L〈並太〉
針	8/0號、5/0號鉤針
織法	P.17

線材	Hamanaka Aran Tweed（40g／球） 原色（1）150g
	Exceed Wool L〈並太〉（40g／球） 萊姆綠（337）75g
針	Hamanaka Amiami 樂樂雙頭鉤針 8/0號、5/0號
其他	Hamanaka塑膠環（12mm・H204-588-12）95個
密度	織片尺寸 花樣織片A 直徑9cm
尺寸	99×45cm

織法

取單線，依指定線材與鉤針編織。

1 先織花樣織片A，取Exceed Wool L在塑膠環上鉤3針立起針與15針長針，第二段時改換Aran Tweed線鉤織。

2 從第二個織片開始，依織圖一邊鉤織一邊以引拔針接合，總共拼接成11×5的樣式。

3 取Exceed Wool L一邊在塑膠環內鉤織花樣織片B，一邊將織片B置於織片A的縫隙中接合。

織片拼接圖 花樣織片A 55枚 花樣織片B 40片

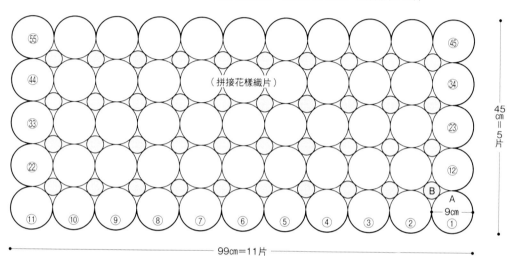

※依圓框數字順序鉤織織片A

———— =Exceed Wool L 5/0號針

———— =Aran Tweed 8/0號針

◢ =接線　　　◢ =剪線

花樣織片織法&拼接方式

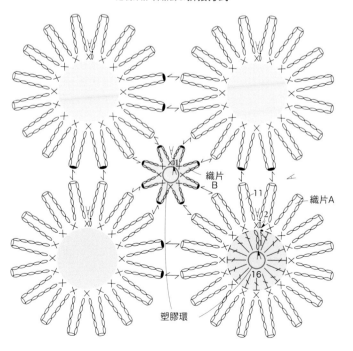

1

在塑膠環上接線，鉤織3針立起針，在鉤針上掛線後如箭頭指示，穿入塑膠環。

2

鉤織指定針數的長針。

11   12   13

11-13

遊彩雙色襪

Design：彥坂祐子

難 易 度	★ ★ ☆
線材	Hamanaka Korpokkur
針	4號棒針
織 法	P.19

線材	Hamanaka Korpokkur（25g／球）
	11 苔蘚綠（12）45g　紫藤色（10）10g
	12 灰色（14）45g　芥末黃（5）10g
	13 粉紅色（19）45g　藍灰色（21）10g
針	Hamanaka Amiami 4號短棒針 5枝

密度	平面針　26針 34段＝10cm正方形
尺寸	參照圖示

織法

取單線鉤織。

1 手指掛線起針48針，從襪口開始
　進行輪編，以二針鬆緊針與平面
　針織出襪筒。

2 腳背側暫休，腳跟部分進行往復
　編的平面針，依織圖加減針。

3 沿腳底與腳背的針目挑針一圈，
　進行平面針的輪編。

4 依織圖所示，繼續以平面針編織
　腳尖的減針，完成後暫休針。

5 最後10針以平針接縫。

腳跟的挑針法

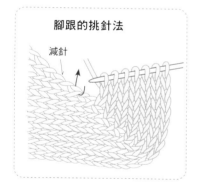

減針

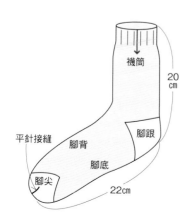

平針接縫　腳背
襪筒
腳跟
腳底
腳尖
20cm
22cm

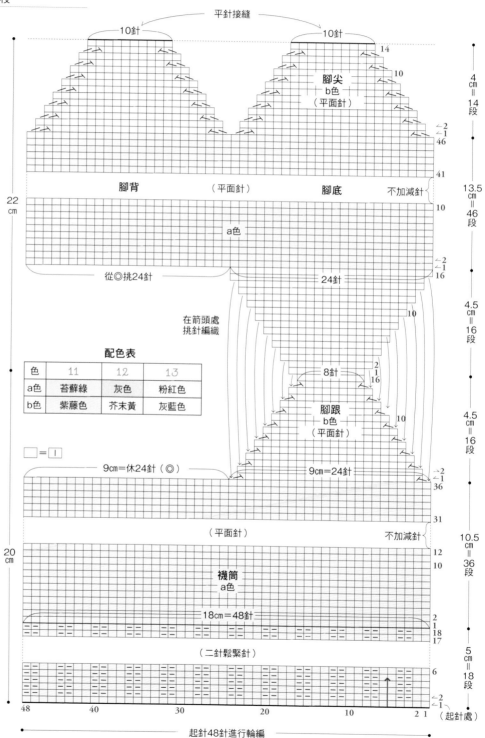

平針接縫

10針　　　　10針

14
10
腳尖
b色
（平面針）
←2
←1
46
41

4cm＝14段

腳背　　（平面針）　　腳底　　不加減針

a色
10

13.5cm＝46段

從◎挑24針　　24針
←2
←1
16

在箭頭處
挑針編織

10

4.5cm＝16段

2
1
16

8針
腳跟
b色
（平面針）
10

4.5cm＝16段

□＝│

9cm＝休24針（◎）　　9cm＝24針
←2
←1
36

配色表

色	11	12	13
a色	苔蘚綠	灰色	粉紅色
b色	紫藤色	芥末黃	灰藍色

22cm
20cm

31
（平面針）　　不加減針
12
10

10.5cm＝36段

襪筒
a色

18cm＝48針
2
1
18
17

5cm＝18段

（二針鬆緊針）
6
←2
←1
（起針處）

48　　40　　30　　20　　10　　2 1

起針48針進行輪編

14

多彩球飾皮草領圍

Design：アトリエマイン

難 易 度	★ ☆ ☆
線 材	Hamanaka Lupo、Korpokkur
針	10號棒針　3/0號鉤針
織 法	P.21

線材	Hamanaka Lupo（40g／球）　茶色（9）60g
	Korpokkur（25g／球）　紫紅色（9）、苔蘚綠（12）、
	藏青色（17）、土耳其藍（20）各5g
針	Hamanaka Amiami 10號單頭棒針 2枝
	樂樂雙頭鉤針 3/0號
密度	平面針　14針 20段＝10cm正方形
尺寸	寬14cm　長50cm

織法

取單線，依指定線材與針編織。

1　手指掛線起針20針，以平面針編織領圍，最終段織套收針。

2　接著鉤織彩球，繞線作輪狀起針，依織圖進行加減針。製作指
　　定數量。

3　將彩球縫於領圍上即完成。

彩球　Korpokkur　3/0號針
紫紅色、苔蘚綠、藏青色、土耳其藍　各4個

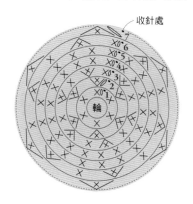

收針處

針數＆加減針法

段	針數	加減針法
7	6針	每段減6針
6	12針	
5	18針	不加減針
4		
3	18針	每段加6針
2	12針	
1	鉤入6針	

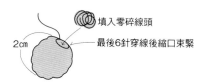

填入零碎線頭

2cm

最後6針穿線後縮口束緊

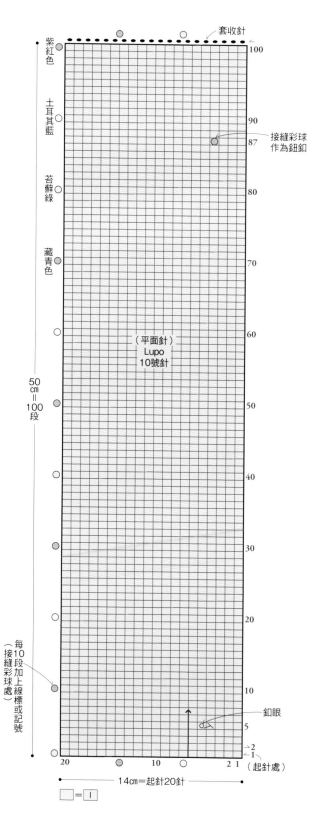

套收針

紫紅色

土耳其藍

苔蘚綠

藏青色

接縫彩球
作為鈕釦

（平面針）
Lupo
10號針

50
cm
＝
100
段

每10段加上線標或記號
（接縫彩球處）

鈕眼

20　　　　10　　　2 1　（起針處）

←14cm＝起針20針→

□＝│

15

皮草滾邊艾倫露指長手套

Design：枡川幸子

難易度	★ ★ ☆
線材	Hamanaka Sonomono Alpaca Wool〈並太〉、Lupo
針	12號、10號、8號、6號棒針
織法	P.23

線材	Hamanaka Sonomono Alpaca Wool〈並太〉（40g／球）
	米色（62）55g
	Lupo（40g／球）　茶色（9）40g
針	Hamanaka Amiami 12號、10號、8號、6號短棒針 5枝
密度	平面針（8號針）　20針 28段＝10cm正方形
	花樣編　28針 28段＝10cm正方形
尺寸	手圍19cm　長33cm

織法

取單線，依指定線材與棒針編織。

1　別線起針45針，以輪編進行手背的花
樣編和手掌的平面針，在大拇指處織
入別線。最終段織套收針。

2　拆開起針別線，一邊挑針一邊減針，
更換棒針後進行輪編的平面針，最終
段織套收針。

3　拆開大拇指開口處的別線挑針，進行
輪編的平面針，最後織套收針。

4　調整大拇指開口的位置，以相同要領
完成另一隻手套。

□ = |

□ = Alpaca Wool〈並太〉

▨ = Lupo

大拇指的挑針法

大拇指
（平面針）
6號針

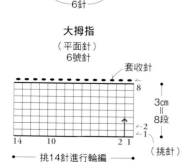

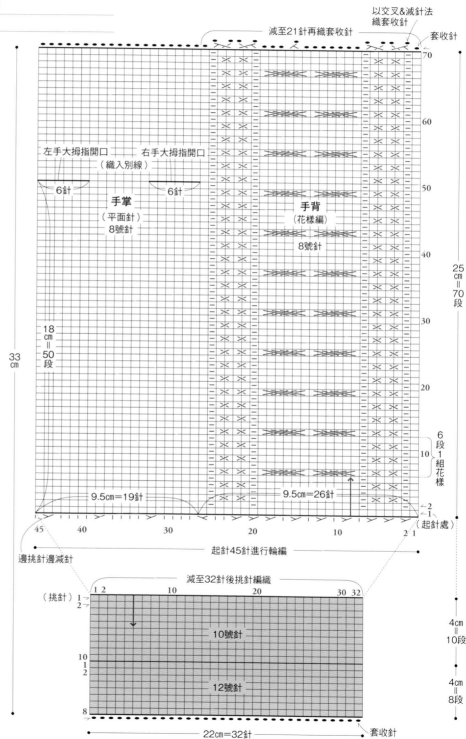

16, 17

粗針織覆耳親子帽

Design ：石原文惠

16　大人款

17
兒童款

難 易 度	★ ★ ☆
線 材	Hamanaka Sonomono Slub〈超極太〉
針	16 大人款 　　15號棒針　10/0號鉤針 17 兒童款 　　14號棒針　8/0號鉤針
織 法	P.25

線材	Hamanaka Sonomono Slub〈超極太〉（40g／球）		
	16	米白色（31）160g	
	17	米色（32）140g	
針	16	Hamanaka Amiami 15號特長棒針 4枝	
		樂樂雙頭鉤針 10/0號	
	17	Hamanaka Amiami 14號特長雙頭棒針 4枝	
		樂樂雙頭鉤針 8/0號	
密度	花樣編	16	15針 17段＝10cm正方形
		17	17針 19.5段＝10cm正方形
尺寸	16	頭圍51cm　高20cm	
	17	頭圍45cm　高17.5cm	

織法
取單線鉤織。
1　手指掛線起針10針，開始編織覆耳的花樣編，至15段後暫休針。接著再以相同方式編織一片。
2　第二片覆耳完成後，繼續編織捲加針，在第一片覆耳挑針接合，再織捲加針，形成環狀後，以輪編的花樣編進行23段。
3　依織圖減針編織帽頂，最終段針目穿線，縮口束緊。
4　沿帽緣鉤織一段短針的緣編。
5　在帽頂縫上作好的毛球。在覆耳綁上毛線，編麻花辮。

〈　〉內為17兒童款尺寸

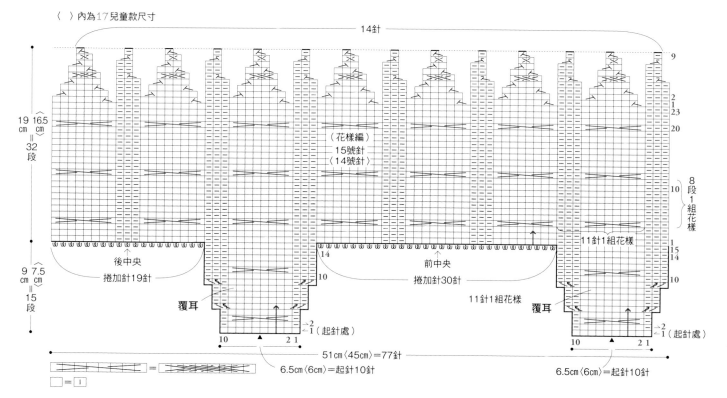

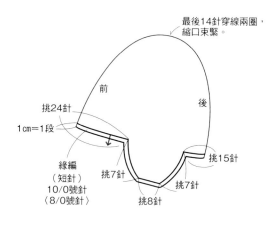

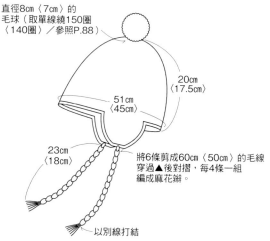

18

豔彩橫紋露指手套

Design ：石川利香子

難 易 度	★ ★ ☆
線 材	Hamanaka Korpokkur、Korpokkur〈Multicolor〉
針	3/0號鉤針
織 法	P.27

線材	Hamanaka Korpokkur（25g／球）
	紫紅色（9）、土耳其藍（20）各15g
	芥末黃（5）、苔蘚綠（12）各5g
	Korpokkur〈Multicolor〉（25g／球）
	紅磚色段染（105）5g
針	Hamanaka Amiami 樂樂雙頭鉤針 3/0號
密度	花樣編① 28針 16.5段＝10cm正方形
尺寸	手腕圍20cm　長12cm

織法
取單線依指定配色鉤織。

1 鎖針起針56針，以指定顏色鉤織花樣編①15段，要注意，鉤至第15段大拇指開口位置時，花樣有所不同。

2 在大拇指開口接線，鉤9針鎖針後引拔。

3 第15段之後繼續鉤3段花樣編①，但要注意花樣有所變化的第3段。

4 繼續鉤織緣編。起針處也加上緣編。

5 在大拇指開口挑針，鉤織大拇指。

6 調整大拇指開口的位置，以相同要領完成另一隻手套。

大拇指
（花樣編②）

1cm＝3段

挑20針

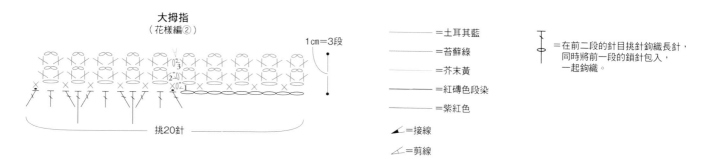

　　　　　　＝土耳其藍
　　　　　　＝苔蘚綠
　　　　　　＝芥末黃
　　　　　　＝紅磚色段染
　　　　　　＝紫紅色

＝接線
＝剪線

＝在前二段的針目挑針鉤織長針，同時將前一段的鎖針包入，一起鉤織。

※調整大拇指開口的位置，以相同要領完成右手。

左手
（花樣編①）

大拇指開口
接線後鉤9針鎖針

0.5cm＝2段

（緣編）

2cm＝3段

右手大拇指
開口位置

12cm

9cm＝15段

20cm＝鎖針起針56針連接成環

起針處

（緣編）

0.5cm＝2段

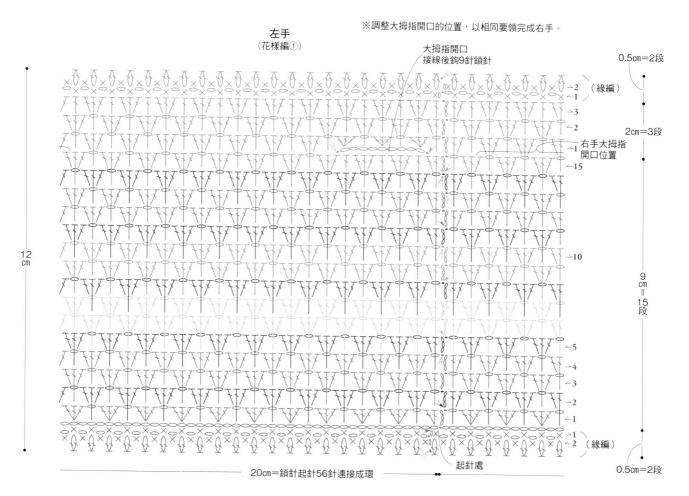

19, 20

圈圈毛絨保暖圍脖

Design ：藤ヶ谷純子

難 易 度	★ ★ ☆
線材	Hamanaka Exceed Wool FL〈合太〉、Alpaca Mohair Fine
針	7/0號、6/0號鉤針
織法	P.29

19. 20　圈圈毛絨保暖圍脖

線材	Hamanaka Exceed Wool FL〈合太〉（40g／球）
	19 藍色（225）50g　　20 茶色（205）50g
	Alpaca Mohair Fine（25g／球）
	19 米白色（1）30g　　20 米色（2）30g
針	Hamanaka Amiami 樂樂雙頭鉤針 7/0號、6/0號
其他	直徑1.5cm的鈕釦3顆
密度	短針的環編　18針 18段＝10cm正方形
尺寸	寬11cm　脖圍51cm

織法

取Exceed Wool FL與Alpaca Mohair Fine各一，兩線一起鉤織，除起針以外，其他皆以6/0號針鉤織。

1　鎖針起針98針，依織圖鉤織短針的環編與短針，同時製作釦眼。
2　沿四周鉤織一段緣編。
3　縫上鈕釦即完成。

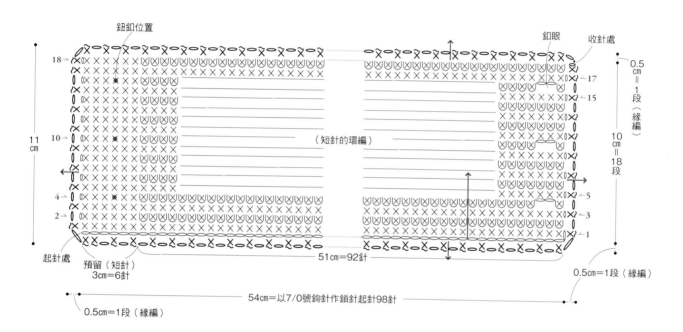

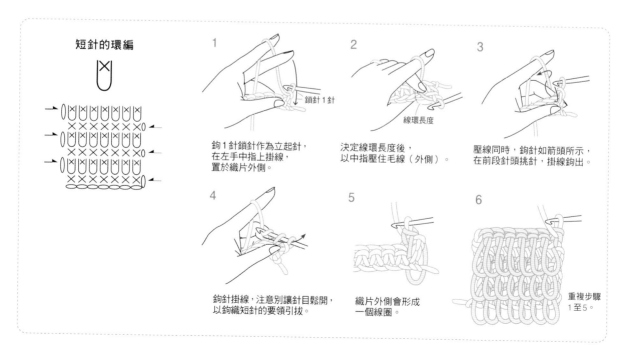

21, 22

伸縮自如的長‧短兩用手套

Design：廣石咲子

難易度	★ ★ ☆
線材	Hamanaka Fairlady 50
針	6號、4號棒針
織法	P.3l

21

22

	Hamanaka Fairlady 50（40g／球）
線材	21　綠色（89）35g　芥末黃（98）25g
	22　朱紅色（101）35g　米色（46）25g
針	Hamanaka Amiami 6號、4號短棒針 5枝
密度	平面針　20針 26段＝10cm正方形
尺寸	手圍18cm　長31cm

織法

取單線鉤織。

1　手指掛線起針40針，以輪編進行一針鬆緊針。

2　依織圖編至指定段數後，改織平面針，第9～22段以往復編進行，在指定位置折返。

3　繼續編織一針鬆緊針，完成第22段後更換色線，依織圖所示一邊加減針，一邊以平面針編織18段。

4　大拇指開口處的針目暫休針，織2針捲加針後，依序進行輪編的平面針與一針鬆緊針，最後織套收針。

5　依織圖在大拇指開口處挑針，依序進行輪編的平面針與一針鬆緊針，最後織套收針。

6　以相同方式編織另一手。

□＝□ ＝ |

□＝21綠色　22朱紅色

□＝21芥末黃　22米色

♀＝挑針目之間的渡線織扭加針

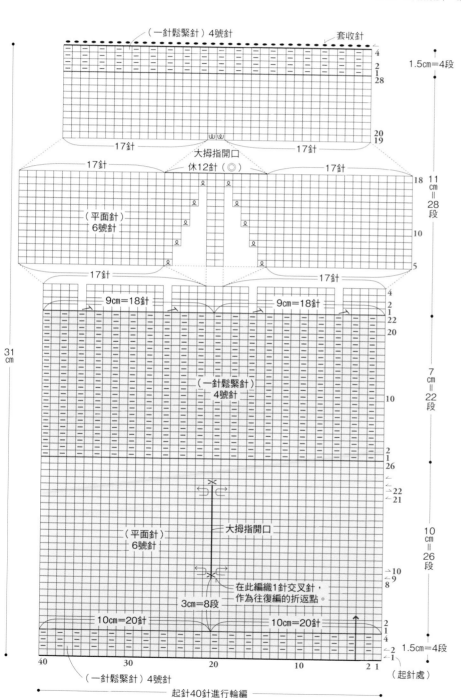

（一針鬆緊針）4號針
套收針

1.5cm＝4段

17針　　大拇指開口　　17針
休12針（◎）

（平面針）6號針

17針　　17針

9cm＝18針　　9cm＝18針

（一針鬆緊針）4號針

大拇指開口

在此編織1針交叉針，作為往復編的折返點。

3cm＝8段

10cm＝20針　　10cm＝20針

（平面針）6號針

（一針鬆緊針）4號針

起針40針進行輪編

（起針處）

11cm＝28段

10cm＝26段

7cm＝22段

10cm＝26段

1.5cm＝4段

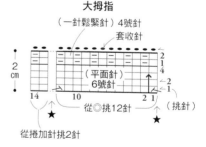

重疊時

16cm

（背面）

大拇指從開口伸出

將袖套部分往上反摺

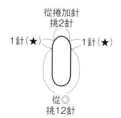

大拇指

（一針鬆緊針）4號針
套收針

2cm

（平面針）6號針

從◎挑12針　　（挑針）

從捲加針挑2針

★　　★

大拇指的挑針法

從捲加針挑2針

1針（★）　　1針（★）

從◎挑12針

在休針（◎）的左右各挑1針（★），分別與休針的第1針、最後1針織二併針。

23   24

23, 24

可愛的點點水玉圍脖

Design：小田島綾美

難易度	★ ☆ ☆
線材	Hamanaka Amerry、Alpaca Mohair Fine〈Gradation〉
針	7號、5號棒針
織法	P.33

x

23. 24　可愛的點點水玉圍脖

線材	Hamanaka Amerry（40g／球）
	23 灰色（22）40g　24 天然白（20）40g
	Alpaca Mohair Fine〈Gradation〉（25g／球）
	23 紫紅色系（105）10g　24 藍紫色系（106）10g
針	Hamanaka Amiami 7號、5號特長棒針 4枝
密度	平面針的織入圖案　22.5針 28段＝10cm正方形
尺寸	總長57cm　長18cm

織法
取單線鉤織。
1　手指掛線起針128針，以輪編進行不加減針的桂花針與平面針。
2　最終段織套收針。

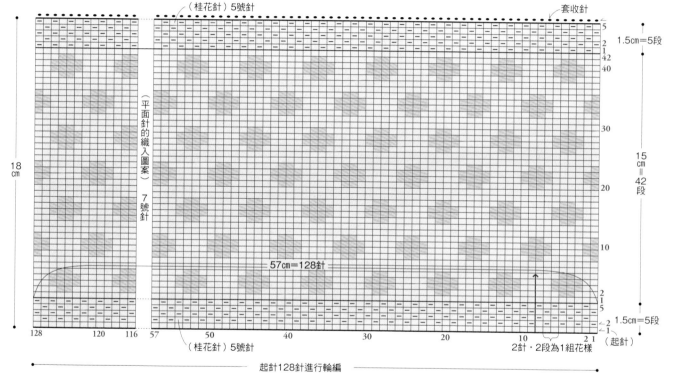

□ = [l]

□ = 23 灰色　24 天然白

▨ = 23 紫紅色系　24 藍紫色系

25, 26

一線到底的織花圍巾

Design ：長者加寿子

難易度	★ ★ ☆
線材	Hamanaka Alpaca Mohair Fine
針	5/0號鉤針
織法	P.35

25. 26 一線到底的織花圍巾

線材	Hamanaka Alpaca Mohair Fine（25g／球）
	25 米色（2）75g
	26 芥末黃（14）75g
針	Hamanaka Amiami 樂樂雙頭鉤針 5/0號
其他	Hamanaka塑膠環（8mm‧H204-588-8）158個

密度	織片尺寸　寬4cm　2花樣長度=7.5cm
尺寸	寬18.5cm　長137cm（含流蘇）

織法

取單線鉤織。

1　花樣織片為先鉤4針鎖針，接著在塑膠環上以短針與鎖針鉤織一半的花樣，連續完成33片的半邊花樣後，往回鉤織另外半邊，並且沿四周鉤織鎖針與短針修飾邊緣。

2　從第2條織片開始，以引拔針接合已完成的長條狀織片，共拼接4條。

3　沿拼接完成的圍巾四周，鉤織一段緣編。

4　流蘇是在指定位置上接線，先鉤10針鎖針，在塑膠環上鉤織短針與鎖針，再鉤10針鎖針回到緣編。重複此步驟鉤織13條流蘇，再以相同方式完成另一端的流蘇。

○=塑膠環

◢=接線

◢=剪線

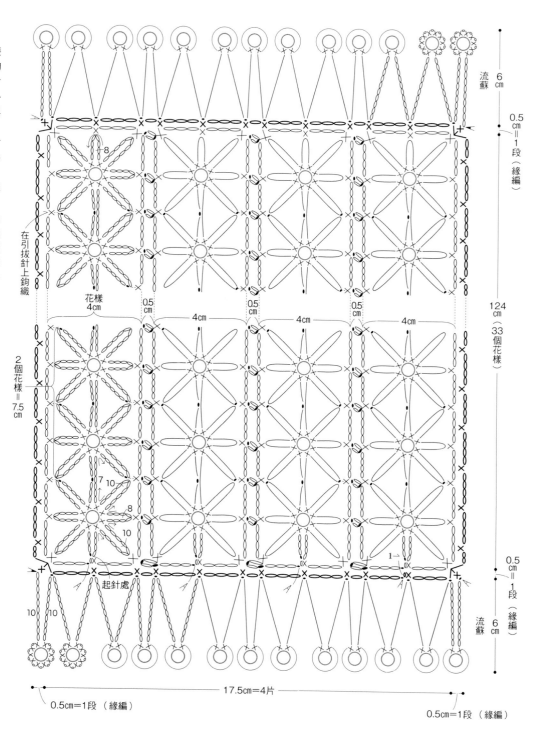

35

27

保暖首選連帽圍脖

Design：山本洋子

難 易 度	★ ★ ☆
線 材	Hamanaka Sonomono Alpaca Lily
針	10號棒針
織 法	P.37

線材	Hamanaka Sonomono Alpaca Lily（40g／球） 濃灰色（115）160g
針	Hamanaka Amiami 10號單頭棒針 2枚
密度	花樣編　28針 27段＝10cm正方形 平面針　21針 27段＝10cm正方形
尺寸	參照圖示

織法
取單線鉤織。

1　手指掛線起針155針，編織66段不加減針的花樣編。

2　依織圖減至117針，以起伏針與平面針編織帽子部分，帽頂如圖示進行減針。

3　織片正面相對疊合，帽頂針目鉤引拔套收針併縫。

4　同樣對齊正面中央的合印記號，併縫圍脖部分。

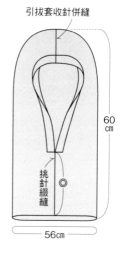

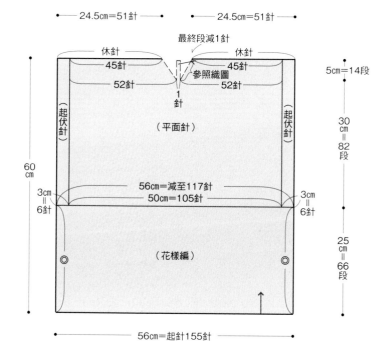

花樣編記號圖

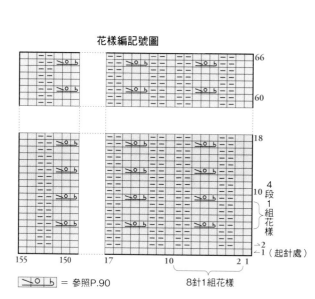

```
─ │ ↘ O ↙ ＝ 參照P.90
```

8針1組花樣

帽頂減針法

織片正面相對摺疊，
鉤引拔套收針接合。

```
☐ = │
```

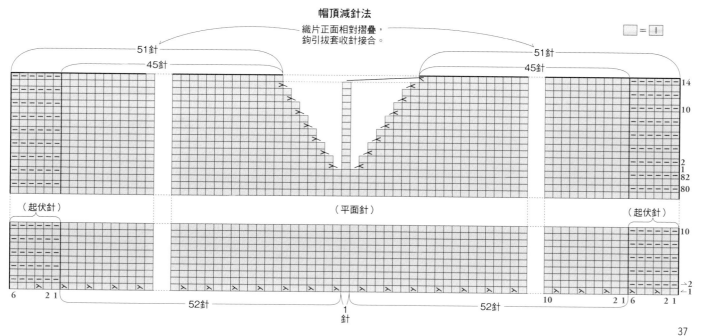

Part 2

時尚小物

雖然包包或飾品等時尚小物
可輕鬆花錢購得，
但如果能親自動手製作，
完成的作品將成為
世上獨一無二的珍寶。
何況手作的時光，
饒富趣味又令人開心不已！

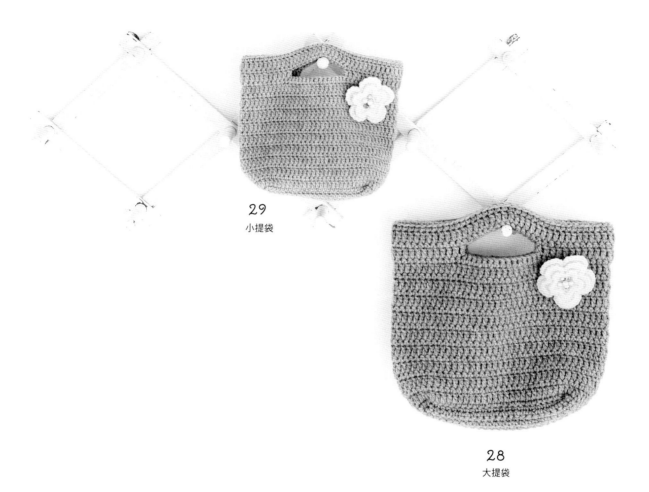

29
小提袋

28
大提袋

28, 29

大小任選！
立體花朵別針提袋

Design ：小田島綾美

難 易 度	★ ★ ☆
線 材	Hamanaka Amerry
針	28 大提袋8/0號、7/0號鉤針 29 小提袋7/0號、5/0號鉤針
織 法	P.40

28. 29 **大小任選！立體花朵別針提袋**

線材	Hamanaka Amerry（40g／球）	
	28 灰色（22）140g　天然白（20）5g	
	29 中國藍（29）50g　天然白（20）少許	
針	Hamanaka Amiami 樂樂雙頭鉤針	
	28 8/0號、7/0號　29 5/0-7/0號	
其他	珠子　28 直徑0.7cm的珍珠3顆　直徑0.6cm的切面珠3顆	
	29 直徑0.6cm的珍珠3顆　直徑0.6cm的切面珠3顆	
	別針　28 長3cm銀色1個　29 長2cm銀色1個	
	手縫線	
密度	花樣編 28 14針＝10cm、4組花樣（8段）＝7.5cm	
	29 20.5針＝10cm、4組花樣（8段）＝5.5cm	
尺寸	參照圖示	

織法

28大提袋取雙線，29小提袋取單線，分別以指定的針號鉤織。

1　鎖針起針24針，從袋底開始鉤織，以短針的往復編鉤織13段，接著沿四邊鉤織1段短針。

2　袋身以花樣編鉤織18段。

3　依織圖鉤織提把與反摺部分，往內對摺後併縫。

4　沿提把孔四周進行捲針縫縫合。

5　花朵別針為繞線作輪狀起針，依織圖鉤織花樣，最後在中間縫上珠子。

6　鉤織襯墊，在別針背面縫上襯墊與別針後，將花朵別在提袋上。

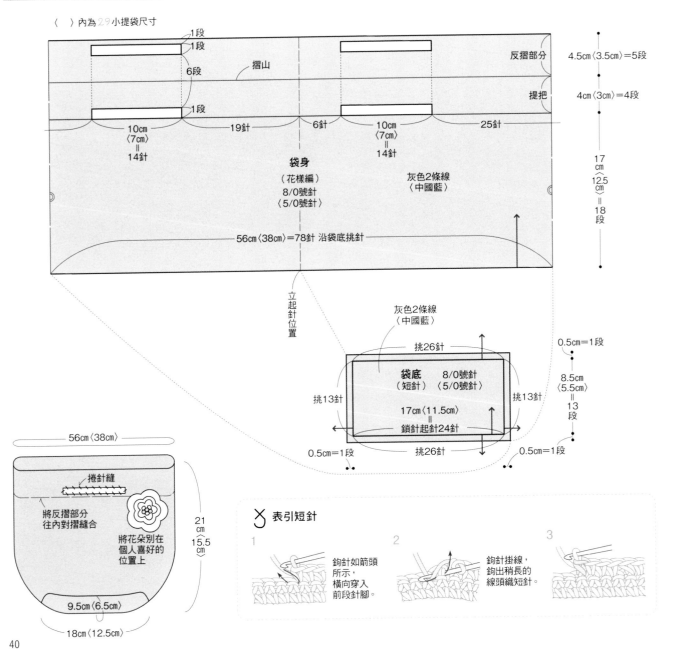

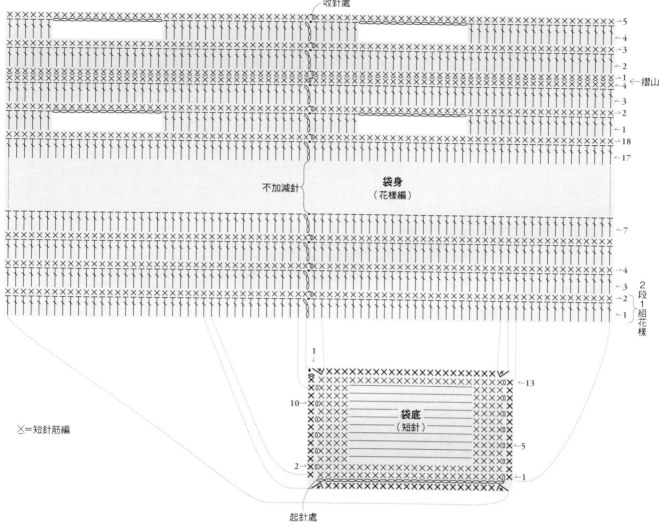

收針處

←5
←4
←3
←2
←1 ←摺山
←4
←3
←2
←1
←18
←17

不加減針

袋身
（花樣編）

←7

←4
←3
←2
←1

2段1組花樣

1

10

袋底
（短針）

←13

←5

2

←1

╳＝短針筋編

起針處

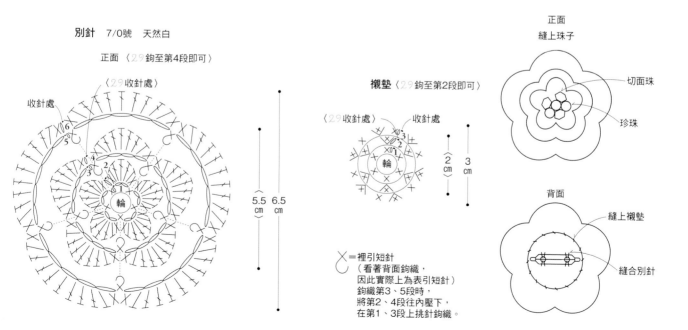

別針　7/0號　天然白

正面 〈29鉤至第4段即可〉

收針處

〈29收針處〉

輪

5.5cm　6.5cm

襯墊〈29鉤至第2段即可〉

〈29收針處〉　收針處

輪

〈2〉cm　3cm

╳＝裡引短針
（看著背面鉤織，
因此實際上為表引短針）
鉤織第3、5段時，
將第2、4段往內壓下，
在第1、3段上挑針鉤織。

正面
縫上珠子

切面珠

珍珠

背面

縫上襯墊

縫合別針

41

30, 31

想要作為衣服或包包裝飾的
針織胸花

Design：弦川秀子

難易度	★ ★ ☆
線材	Hamanaka Korpokkur
針	7/0號鉤針
織法	P.43

30

31

線材	Hamanaka Korpokkur（25g／球）
	30 藍灰色（21）、土耳其藍（20）各7g
	芥末黃（5）、苔蘚綠（12）各5g
	31 米白色（1）15g　苔蘚綠（12）5g
針	Hamanaka Amiami 樂樂雙頭鉤針 7.5/0號
其他	Hamanaka Craft pin〈5圈〉50mm
	暗銀色（H231-002-3）各1個
	手縫線
密度	長針　1段＝1.5cm
尺寸	參照圖示

織法

取雙線，以指定配色鉤織。

1 繞線作輪狀起針，依織圖鉤織花朵。

2 葉子為鎖針起針12針，依織圖在起針針目兩側挑針鉤織。

3 在花朵背面縫上葉子與別針即完成。

花朵

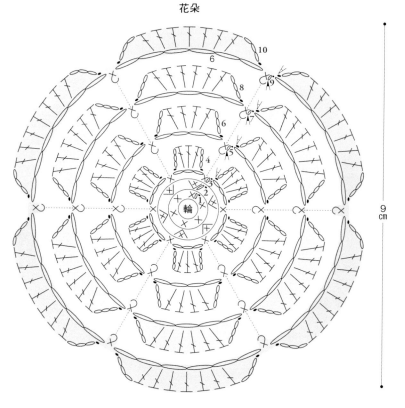

◥＝接線

◿＝剪線

31 皆以米白色雙線鉤織

30 的配色

段	顏色	
第1～4段	芥末黃　雙線	
第5・6段	土耳其藍　雙線	
第7・8段	藍灰色　雙線	
第9・10段	土耳其藍　1條	｝雙線
	藍灰色　1條	

✕＝裡引短針

葉子 2片
苔蘚綠　雙線

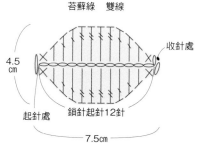

4.5
cm

收針處

起針處　鎖針起針12針

7.5cm

背面

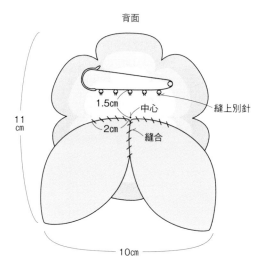

1.5cm

中心

縫上別針

2cm

縫合

11
cm

10cm

9
cm

32

**繽紛多彩的
荷葉邊束口袋**

Design：小出映子

難 易 度	★ ★ ★
線 材	Hamanaka Exceed Wool FL〈合太〉
針	4/0號鉤針
織 法	P.46

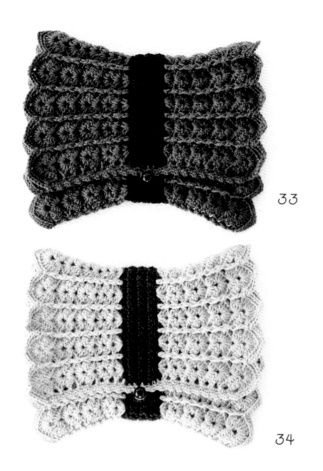

33

34

33, 34

鉤針織的
蝴蝶結形手拿包

Design ：石川利香子

難 易 度	★ ★ ☆
線 材	Hamanaka Korpokkur
針	6/0號、4/0號鉤針
織 法	P.48

32 繽紛多彩的荷葉邊束口袋

線材	Hamanaka Exceed Wool FL〈合太〉（40g／球） 米色（202）115g 淡茶色（233）、藏青色（226）、 粉橘（239）、淺綠色（241）、土耳其藍（242）、 芥末黃（243）各10g
針	Hamanaka Amiami 樂樂雙頭鉤針 4/0號
密度	花樣編 26.5針＝10cm 3組花樣（9段）＝5cm
尺寸	袋底直徑17cm 高19cm（不含緣編）

織法

取單線依指定配色鉤織。

1. 繞線作輪狀起針，從袋底開始鉤織，依織圖加針鉤織花樣編。
2. 接續以不加減針的花樣編鉤織袋身。
3. 沿袋口鉤織緣編。
4. 鉤織抽繩與背帶。
5. 兩條抽繩分別從袋口兩端穿入，在抽繩線端縫上鉤織完成的線球。
6. 縫合固定背帶。

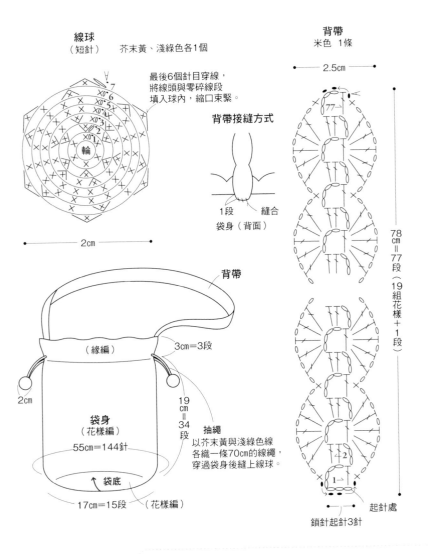

線球
（短針） 芥末黃、淺綠色各1個

最後6個針目穿線，
將線頭與零碎線段
填入球內，縮口束緊。

背帶接縫方式

1段 —— 縫合
袋身（背面）

背帶
米色 1條

2.5cm

78cm＝77段（19組花樣＋1段）

鎖針起針3針
起針處

背帶

（緣編）
3cm＝3段

袋身
（花樣編）
55cm＝144針

2cm

19cm＝34段

抽繩
以芥末黃與淺綠色線
各織一條70cm的線繩，
穿過袋身後縫上線球。

袋底
17cm＝15段（花樣編）

袋身配色
※指定以外皆為米色

段	配色	段	配色
33	粉橘	18	芥末黃
30	淺綠色	15	粉橘
27	藏青色	12	淺綠色
24	淺紫色	9	藏青色
21	土耳其藍	6	淺紫色
		3	土耳其藍

袋底針數・花樣數＆加針法＆配色

段	針數・花樣數	加針法	配色
15	36組花樣	不加減針	芥末黃
14	144針	加9針	米色
13	135針	加27針	
12	27組花樣	不加減針	粉橘
11	108針	加18針	米色
10	90針	加18針	
9	18組花樣	不加減針	淺綠色
8	72針	加12針	米色
7	60針	加12針	
6	12組花樣	不加減針	藏青色
5	48針	加8針	米色
4	40針	加8針	
3	8組花樣	不加減針	淺紫色
2	32針	加16針	米色
1	鉤入16針		

繩編織法

1
線頭側預留完成長度的
3～3.5倍線長後，
鉤織起針目。

線頭側

2
將線頭側的織線
由內往外掛在鉤針上。

3
鉤針掛球側的織線，
引拔鉤針上的兩條線，
完成1針。

4
重複步驟2・3，
鉤織至指定長度為止，
最後將線頭藏入針目中即完成。

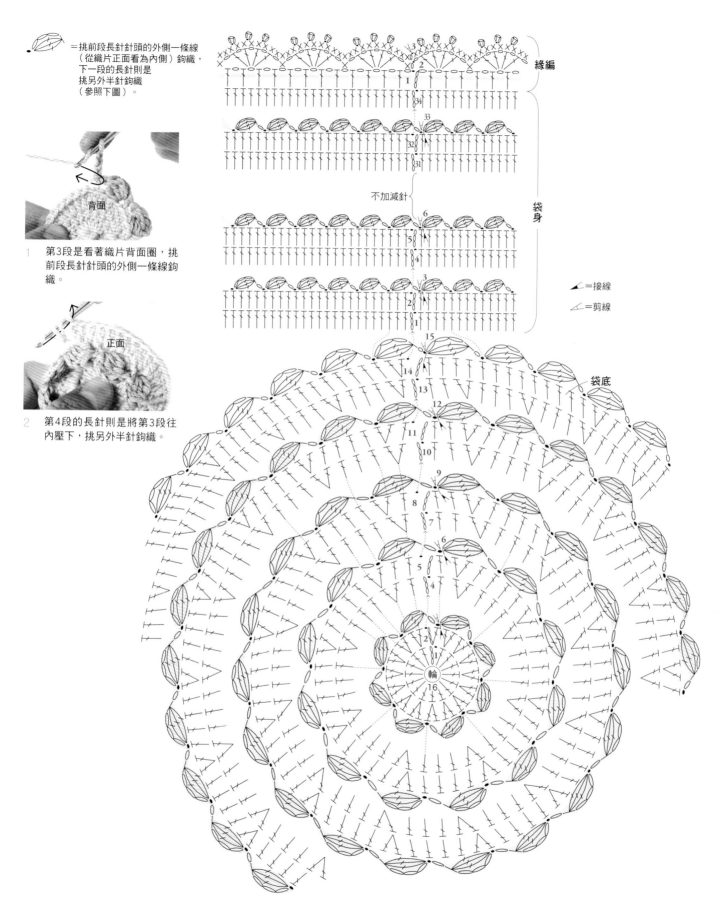

= 挑前段長針針頭的外側一條線
　（從織片正面看為內側）鉤織，
　下一段的長針則是
　挑另外半針鉤織
　（參照下圖）。

1　第3段是看著織片背面圈，挑
　　前段長針針頭的外側一條線鉤
　　織。

2　第4段的長針則是將第3段往
　　內壓下，挑另外半針鉤織。

背面

正面

緣編

袋身

不加減針

袋底

＝接線

＝剪線

輪

47

線材	Hamanaka Korpokkur（25g／球）
	33 灰茶（16）45g　黑色（18）15g
	34 藍灰色（21）45g　藏青色（17）15g
針	Hamanaka Amiami 樂樂雙頭鉤針 4/0 -6/0號
其他	Hamanaka 香菇釦 10mm（H220-610-1）各1個
密度	短針（雙線）　20.5針＝10cm　7段＝3cm
	花樣編　9段＝8cm
尺寸	參照圖示

織法
除指定以外皆使用單線，以4/0號針依指定配色鉤織。

1 取a色雙線，鎖針起針69針，以短針鉤織7段。
2 在步驟1的短針上挑針，兩側各織9段花樣編後休針。
3 從花樣編的休針處繼續鉤織緣編①。
4 織片沿袋底摺山往內摺，重疊的前側與後側呈現背面相對，
　接著在兩側與袋蓋邊緣鉤織緣編②。
5 縫上鈕釦。

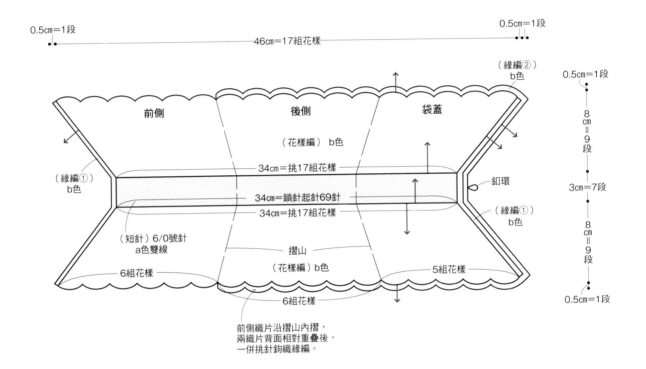

配色表

色	33	34
a色	黑色	藏青色
b色	灰茶色	藍灰色

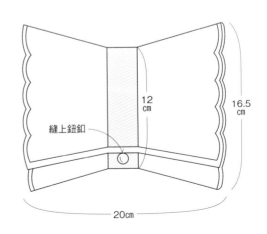

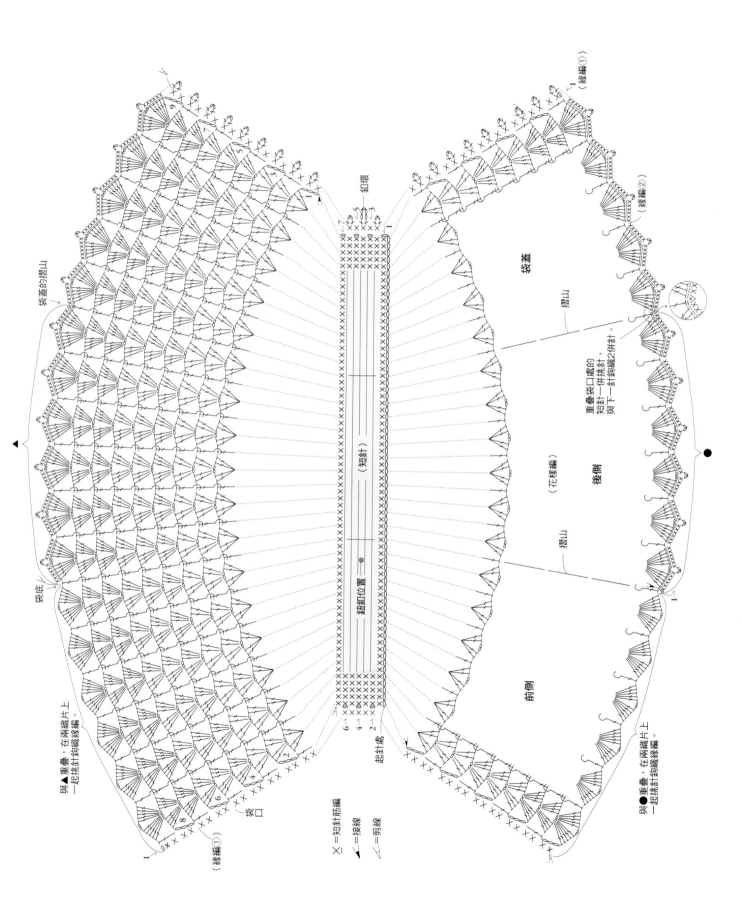

袋蓋的摺山

與▲重疊，在兩織片上
一起挑針鉤織緣編。

袋底

（緣編①）

袋口

（緣編①）

X = 短針筋編
━ = 接線
◢ = 剪線

鈕釦位置 ●

起針處

（短針）

鈕環

袋蓋

摺山

重疊袋口處的
短針一併挑針，
與下一針鉤織2併針。

（花樣編）

後側

摺山

前側

與●重疊，在兩織片上
一起挑針鉤織緣編。

（緣編①）

（緣編②）

金屬鏈皮草手拿包

Design：chu-chu

難易度	★ ★ ☆
線 材	Hamanaka Lupo、Korpokkur
針	10號棒針、3/0號鉤針
織 法	P.51

線材	Hamanaka Lupo（40g／球） 銀茶色（2）40g
	Korpokkur（25g／球） 粉紅色（19）5g
針	Hamanaka Amiami 10號單頭棒針 2枝 樂樂雙頭鉤針 3/0號
其他	Hamanaka 包包用口金框・Antique 寬17cm（H207-016）1個
	金屬鏈 30cm
	直徑8mm C圈 2個
	手縫線
密度	平面針 16.5針 18.5段＝10cm正方形
尺寸	參照圖示

織法

取單線，依指定線材編織。

1 袋身為手指掛線起針30針，以平面針織44段，最終段織套收針。

2 縫合口金框與袋身，並加上金屬鏈。

3 口金鈕頭套為繞線作輪狀起針，依織圖進行加減針，鉤織完成後，套在球形鈕頭上，以縫線縮口束緊即完成。

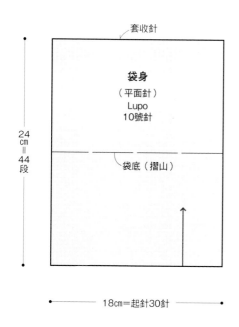

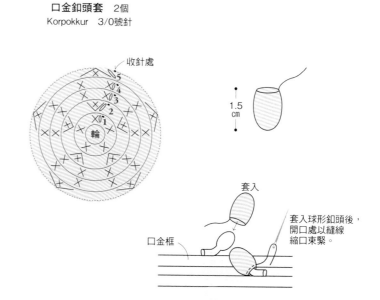

口金鈕頭套 2個
Korpokkur 3/0號針

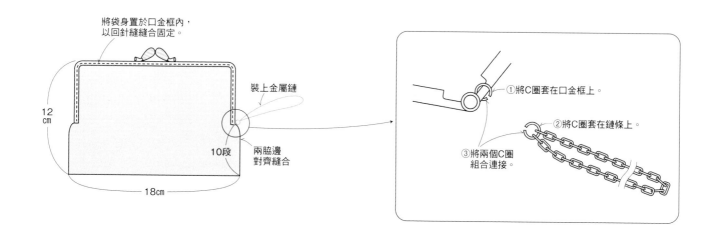

36

37

36, 37

圓形織片的一體成型口金包　大・小

Design ：奈良志麻

難 易 度	★ ★ ☆
線材	Hamanaka Sonomono Alpaca Lily
針	7/0號鉤針
織法	P.53

線材	Hamanaka Sonomono Alpaca Lily（40g／球）	
	36 灰色（114）20g	
	37 米白色（111）15g	
針	Hamanaka Amiami 樂樂雙頭鉤針 7/0號	
其他	36 Hamanaka 包包用口金框・Antique	
	寬12.5cm（H207-007）　1個	
	37 Hamanaka 包包用口金框・Antique	
	寬7.5cm（H207-008）　1個	
	手縫線	
密度	長針1段＝1cm	
尺寸	參照圖示	

織法

取單線鉤織。

1　繞線作輪狀起針，鉤入14針長針。
　　第2段開始依織圖加針，鉤織花樣編。

2　縫合口金框與袋身。

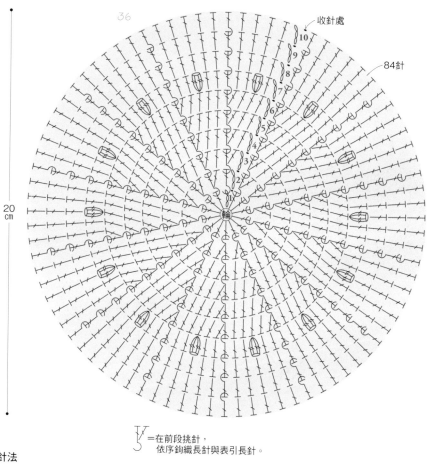

36

20 cm

收針處

84針

〓在前段挑針，
依序鉤織長針與表引長針。

36 針數 & 加針法

段	針數	加針法
10〜7	84針	不加減針
6	84針	
5	70針	
4	56針	每段加14針
3	42針	
2	28針	
1	鉤入14針	

37 針數 & 加針法

段	針數	加針法
7〜5	56針	不加減針
4	56針	
3	42針	每段加14針
2	28針	
1	鉤入14針	

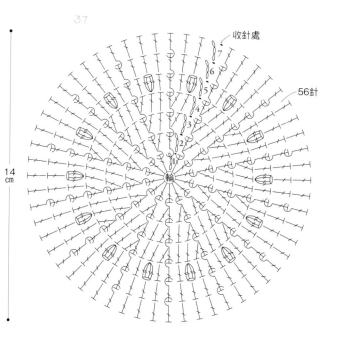

37

14 cm

收針處

56針

打開口金框，
縫針穿入口金框的孔洞，
挑縫袋身最終段的長針針腳縫合固定。

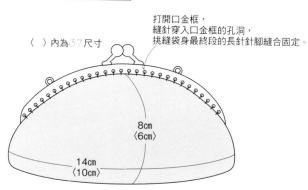

〈　〉內為37尺寸

8cm
〈6cm〉

14cm
〈10cm〉

38, 39

大人氣的
星形鉤織馬歇爾包

Design ：Hamanaka企劃

難 易 度	★ ★ ☆
線材	Hamanaka Jumbo Knee
針	8mm、7/0號鉤針
織 法	P.56

40

玉米造型寶特瓶袋（適用350㎖）

Design：石川利香子

難易度	★ ★ ★
線材	Hamanaka Korpokkur
針	3/0號鉤針
織法	P.58

線材	Hamanaka Jumbo Knee（50g／球）
	38 黃色（11）200g
	39 淺灰色（28）200g
針	Hamanaka Jumbo Knee針（竹製鉤針）8mm
	樂樂雙頭鉤針 7/0號
其他	Hamanaka包包底板·圓形（H204-628）1片
密度	花樣編 4組花樣＝約8.5cm、4段＝約7.5cm
尺寸	參照圖示

織法

取單線鉤織，除袋底第一段使用7/0號鉤針，其餘皆以8mm鉤針鉤織。

1 在皮革底板的42個孔洞鉤織42針短針，依織圖加針，鉤織第2、3段。

2 接續鉤織袋身，不加減針鉤織10段花樣編（參照P.57星型鉤織針法）。

3 繼續鉤織袋口與提把，依織圖在袋身的指定位置作鎖針起針，鉤短針的筋編。

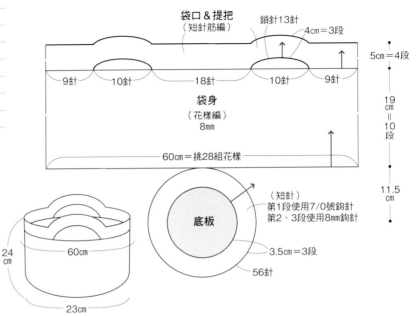

袋口＆提把（短針筋編）
鎖針13針
4cm＝3段
5cm＝4段
9針 10針 18針 10針 9針
袋身（花樣編）8mm
19cm＝10段
60cm＝挑28組花樣
（短針）第1段使用7/0號鉤針 第2、3段使用8mm鉤針
底板
3.5cm＝3段
56針
11.5cm
24cm 60cm 23cm

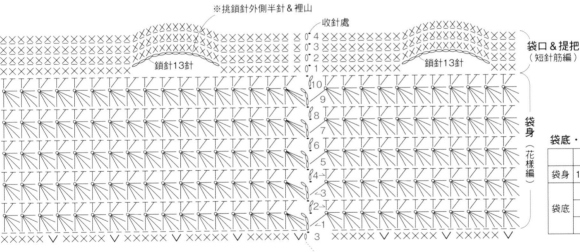

※挑鎖針外側半針＆裡山
收針處
鎖針13針
袋口＆提把（短針筋編）
鎖針13針
袋身（花樣編）

	段	針數＆加針法
袋身	1～10	28組花樣
袋底	3	56針 加8針
	2	48針 加6針
	1	鉤42針

袋底·袋身的針數＆加針法

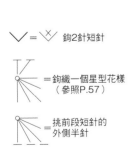

∨ = ∨ 鉤2針短針

Y = 鉤織一個星型花樣（參照P.57）

= 挑前段短針的外側半針

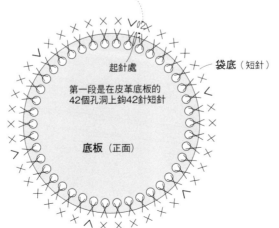

起針處
袋底（短針）
第一段是在皮革底板的42個孔洞上鉤42針短針
底板（正面）

鉤針穿入底板孔洞，掛線鉤出，鉤織短針。

1
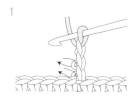
鉤3針立起針的鎖針，
如箭頭指示挑鎖針裡山，掛線鉤出。

2
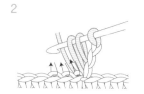
挑前段短針的外側半針，
掛線鉤出3針。

3
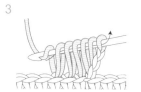
鉤針掛線，一次引拔針上6個線圈。

4

在引拔針上鉤1針鎖針。

5

如箭頭指示入針，掛線鉤出。

6

如箭頭指示入針，掛線鉤出。

7

同步驟2，挑第3至5針掛線鉤出。

8

鉤針掛線，一次引拔針上6個線圈。

9

鉤1針鎖針。

10

重複步驟5至9，鉤織第1段。

11
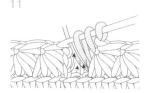
第1段最後一個星型的第5針，
是在立起針的第1針挑針。

12
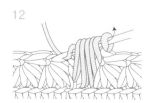
鉤針掛線，一次引拔針上6個線圈。

13
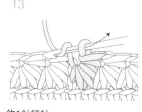
鉤1針鎖針。

14
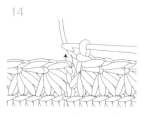
挑立起針的第3針鉤引拔針。

15
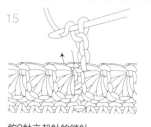
鉤2針立起針的鎖針，
將織片翻面，
在前段的每個星形中央鉤入2針中長針。

16
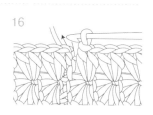
完成第2段後，
挑立起針的第2針鉤引拔針。

17

繼續鉤織第3段，
鉤3針立起針的鎖針，
將織片翻回正面。

18
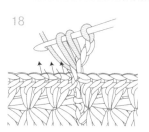
從鎖針裡山挑2針，
在前段的引拔針針頭，
以及中長針針頭挑第3至5針。

19
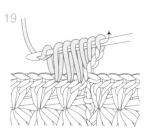
鉤針掛線，
一次引拔針上6個線圈。

20
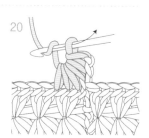
鉤1針鎖針後，
重複相同步驟繼續鉤織。

線材	Hamanaka Korpokkur（25g／球） 苔蘚綠（12）20g　芥末黃（5）、 米白色（1）各10g
針	Hamanaka Amiami 樂樂雙頭鉤針 3/0號
密度	花樣編①　29針＝10cm、10段＝7.5cm 花樣編②　29針＝10cm、13段＝5.5cm
尺寸	直徑6cm　高13cm（不含緣編）

織法
取單線依指定配色鉤織。

1　從袋底開始，繞線作輪狀起針，依織圖加針鉤織長針與鎖針。

2　接著鉤織袋身下方的花樣編①，鉤完10段後休針。

3　在指定位置接線，以花樣編②鉤織袋身上方，接著鉤織袋口的緣編。

4　以袋身下方的休針織線鉤織玉米殼，尖端縫合固定於袋身下方。

5　最後鉤織抽繩與線球，將抽繩穿過指定位置，縫上線球即完成。

玉米殼
（花樣編①）
苔蘚綠

縫合固定於△

預留20㎝的線長後剪線，
織片往下翻摺，縫於袋身第9段的凸紋（▲）上。

7.5
cm
=
10
段

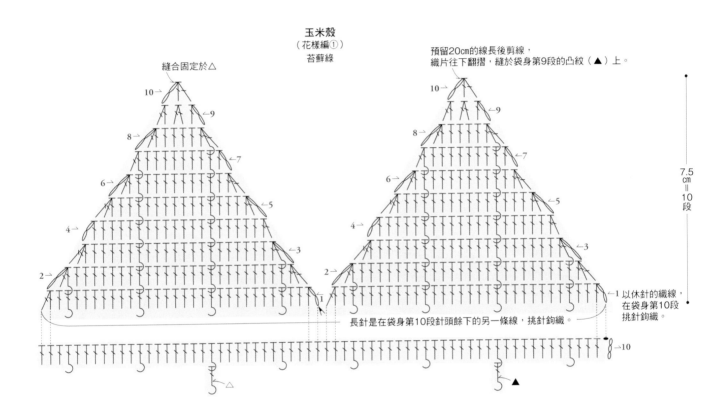

長針是在袋身第10段針頭餘下的另一條線，挑針鉤織。

1 以休針的織線，
在袋身第10段
挑針鉤織。

→10

△　　▲

抽繩 2條
米白色

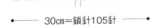
← 30cm＝鎖針105針 →

線球 2個
米白色

最後6個針目穿線，
將線尾與零碎線頭填入球內，
縮口束緊。

← 1.2cm →

の織法

1　鉤針掛線，如箭頭指示橫向穿
　　入前兩段的長針針腳。

2　在同一處挑針鉤織3針未完成
　　的長針，掛線後一次引拔針上
　　所有線圈。

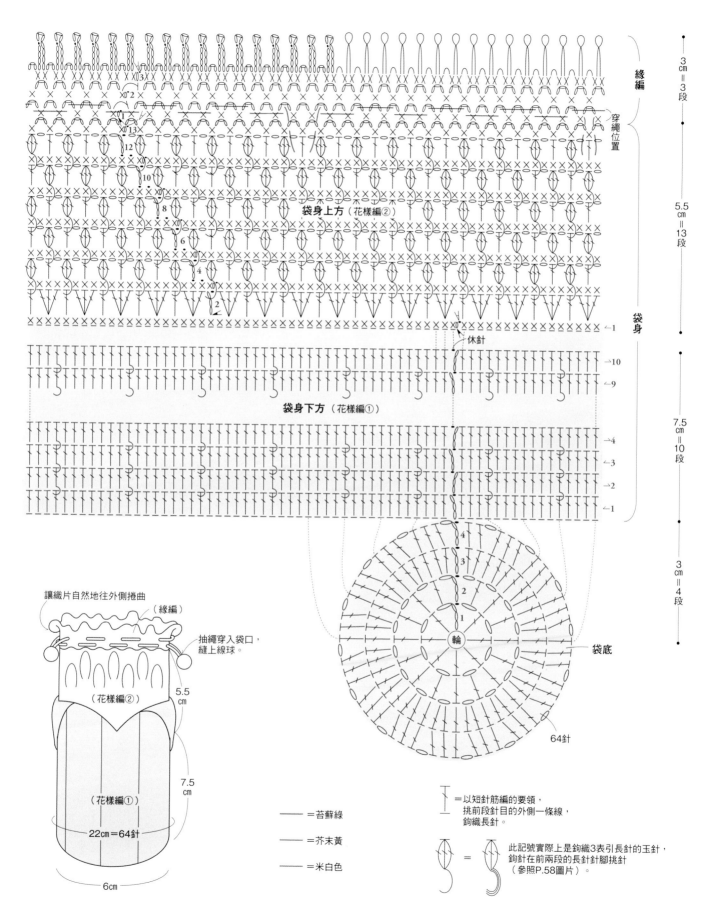

緣編

3cm
=
3段

穿繩位置

5.5
cm
=
13段

袋身上方（花樣編②）

袋身

7.5
cm
=
10段

休針

袋身下方（花樣編①）

→10
←9

→4
←3
→2
←1

3cm
=
4段

讓織片自然地往外側捲曲

（緣編）

抽繩穿入袋口，
縫上線球。

5.5
cm

（花樣編②）

7.5
cm

（花樣編①）

22cm＝64針

6cm

4
3
2
1
輪

袋底

64針

—— ＝苔蘚綠

—— ＝芥末黃

—— ＝米白色

┬ ＝以短針筋編的要領，
挑前段針目的外側一條線，
鉤織長針。

= 此記號實際上是鉤織3表引長針的玉針，
鉤針在前兩段的長針針腳挑針
（參照P.58圖片）。

59

41

42

41, 42

環環相連的針織項鍊

Design ：石井惠津

難易度	★ ★ ☆
線材	41 Hamanaka Men's Club Master 42 Hamanaka Fairlady 50
針	41 9/0號鉤針 42 5/0號鉤針
織法	41 P.61　42 P.89

線材	Hamanaka Men's Club Master（50g／球） 鐵藍色（62）11g　藍紫色（69）6g
針	Hamanaka Amiami 樂樂雙頭鉤針 9/0號
其他	Hamanaka塑膠環（21mm・H204-588-21）52個
密度	2中長針的玉針　2段＝2.7cm
尺寸	長約82cm

織法

取單線鉤織。

1 將兩個塑膠環並排，在環上以短針鉤織半圈（8針）。

2 直接在下一個塑膠環鉤織短針，同樣只織半圈。

3 織完指定數量的塑膠環後，往回鉤織另外半圈，直至起針處為止。

4 項鍊繩的起針處先預留10cm，起1針鎖針後，依織圖鉤織，尾端同樣預留10cm後剪斷。

5 將藍紫色項鍊重疊於鐵藍色項鍊上方，以項鍊繩兩端預留的線段，接合成圈。

並排兩個塑膠環，鉤織8針短針後，直接在下一個塑膠環鉤織。織完指定數量的塑膠環後，往回鉤織另外半圈，直至起針處為止。

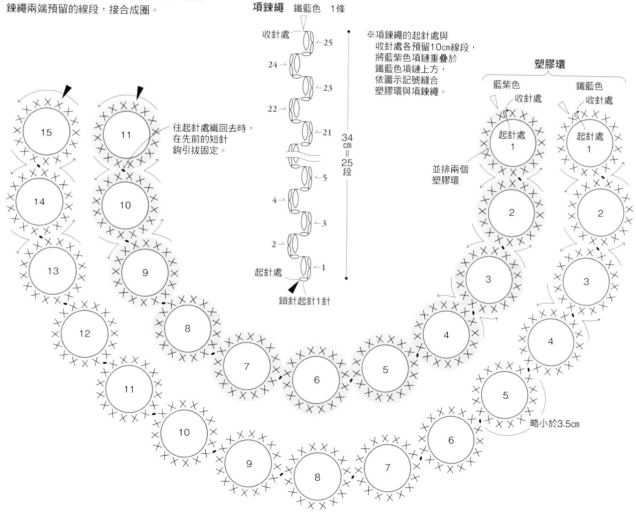

項鍊繩　鐵藍色　1條

收針處

25　24　23　22　21

34cm＝25段

5　4　3　2　1

起針處

鎖針起針1針

※項鍊繩的起針處與收針處各預留10cm線段，將藍紫色項鍊重疊於鐵藍色項鍊上方，依圖示記號縫合塑膠環與項鍊繩。

往起針處織回去時，在先前的短針鉤引拔固定。

塑膠環

藍紫色　　鐵藍色

收針處　　收針處

起針處1　起針處1

並排兩個塑膠環

略小於3.5cm

43   44

43, 44

千鳥格紋購物袋

Design ：奈良志麻

難 易 度	★ ★ ☆
線材	Hamanaka Men's Club Master
針	8/0號鉤針
織法	P.63

43. 44 千鳥格紋購物袋

線材	HamanakaMen's Club Master（50g／球）
	43 綠色（65）110g　米白色（1）40g
	44 黑色（13）110g　米白色（1）45g
針	Hamanaka Amiami 樂樂雙頭鉤針 8/0號
密度	短針　17針 18段＝10cm正方形
	短針筋編的千鳥紋圖案
	17針 14段＝10cm正方形
尺寸	參照圖示

織法

取單線鉤織。

1. 從袋底開始鉤織，繞線作輪狀起針，依織圖加針鉤織短針。
2. 接著依序以不加減針的短針、短針筋編的千鳥紋圖案，以及短針筋編鉤織袋身。
3. 分別在指定位置鉤織鎖針起針30針，依織圖鉤織提把。
4. 提把兩端各留4針，其餘部分對摺後以捲針縫接合。

配色表

	43	44
——	綠色	黑色
——	白色	

袋底針數＆加針法

段	針數	加針法
16	96針	
15	90針	
14	84針	
13	78針	
12	72針	
11	66針	
10	60針	
9	54針	每段加6針
8	48針	
7	42針	
6	36針	
5	30針	
4	24針	
3	18針	
2	12針	
1	鉤入6針	

千鳥紋圖案的織法

在鉤織針目最後的引拔時，改換色線。
一邊包入休針的織線，一邊鉤織短針筋編。

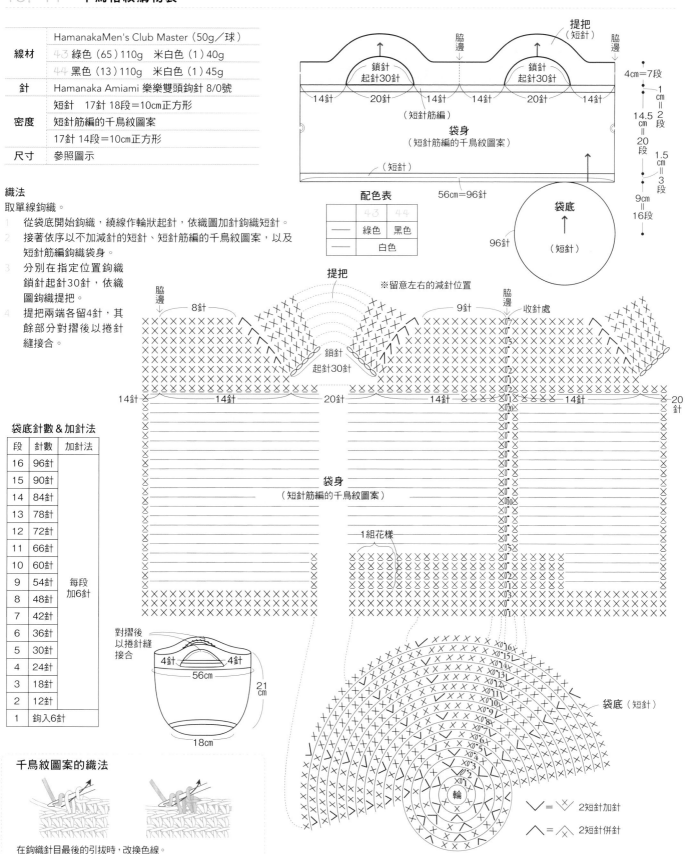

∨ = 2短針加針
∧ = 2短針併針

45

直線編織就能完成的
交叉編手提包

Design：奈良志麻

難 易 度	★ ★ ☆
線 材	Hamanaka Of Course！Big
針	14號、11號棒針
織 法	P.65

線材	Hamanaka Of Course！Big（50g／球） 米白色（101）220g
針	Hamanaka Amiami 14號、11號棒針 2枝
其他	Hamanaka 藤製提把（自然／H210-111-1）1組
密度	花樣編　19針 19段＝10cm正方形
尺寸	參照圖示

織法
取單線鉤織。

1　手指掛線起針72針，先編織10段包裹提把的二針鬆緊針，第10段全部織下針（便於縫合提把時辨識）。

2　接著改織花樣編，不加減針編織76段。

3　再次換回包裹提把的二針鬆緊針，同樣編織10段，第1段全部織下針。

4　最後織套收針，織片沿著袋底背面相對對摺，兩脇邊對齊，縫合至開口止點。

5　將二針鬆緊針的提把包邊往內對摺，夾入提把後縫合固定。

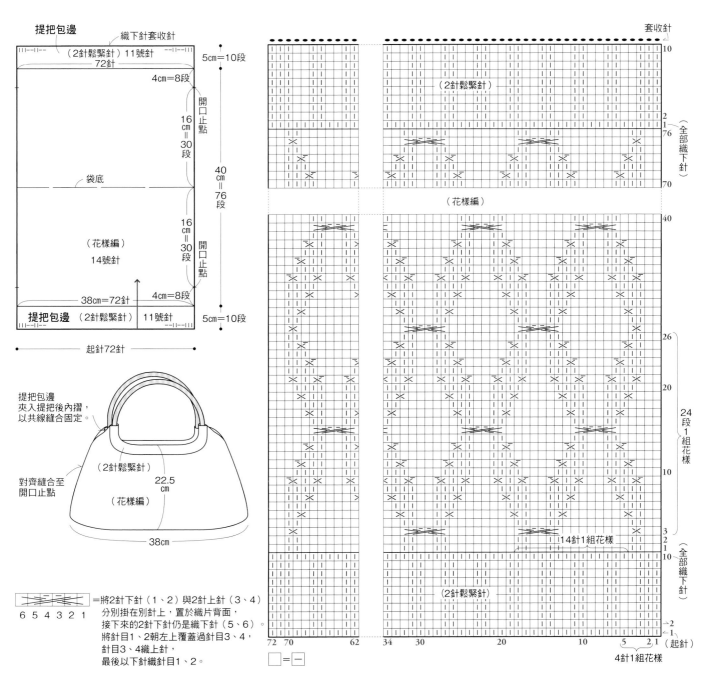

提把包邊

織下針套收針
（2針鬆緊針）11號針
72針
4cm＝8段
5cm＝10段

開口止點

16cm＝30段

袋底

40cm＝76段

（花樣編）
14號針

16cm＝30段

開口止點

38cm＝72針　　4cm＝8段

提把包邊　（2針鬆緊針）　11號針　　5cm＝10段

起針72針

提把包邊
夾入提把後內摺，
以共線縫合固定。

（2針鬆緊針）

22.5cm

對齊縫合至
開口止點

（花樣編）

38cm

套收針

（2針鬆緊針）

（花樣編）

（全部織下針）

76
70

40

26

20

24段1組花樣

10

14針1組花樣

（全部織下針）

72　70　　　　　62

34　30　　　20　　　10　　5　2 1（起針）

4針1組花樣

＝將2針下針（1、2）與2針上針（3、4）
6 5 4 3 2 1　　分別掛在別針上，置於織片背面，
接下來的2針下針仍是織下針（5、6）。
將針目1、2朝左上覆蓋過針目3、4，
針目3、4織上針，
最後以下針織針目1、2。

□＝─

容納長夾也OK的
手拿包

Design ：小田島綾美

難易度	★☆☆
線材	Hamanaka Amerry、 Alpaca Mohair Fine〈Gradation〉
針	10號、7號棒針
織法	P.67

線材	Hamanaka Amerry（40g／球）　墨水藍（16）100g
	Alpaca Mohair Fine〈Gradation〉（25g／球）
	灰色系（109）10g
針	Hamanaka Amiami 10號、7號單頭棒針 2枝
密度	起伏針　16針 31段=10cm正方形
	平面針　20針 26段=10cm正方形
尺寸	尺寸　寬28cm　高13.5cm

織法

袋身取墨水藍雙線，蝴蝶結取灰色系單線鉤織。

1　別線起針65針，以起伏針編織袋身。最終段的前21針織套收針，餘下的44針暫休針。

2　拆開起針別線挑針，☆記號的21針織套收針。休針部分背面相對對摺，鉤引拔套收針接合。

3　蝴蝶結A＆B分別以手指掛線起針，編織平面針，最終段織套收針。

4　將B置於A的中央捲起，調整蝴蝶結的形狀。

5　將蝴蝶結縫於袋蓋上。

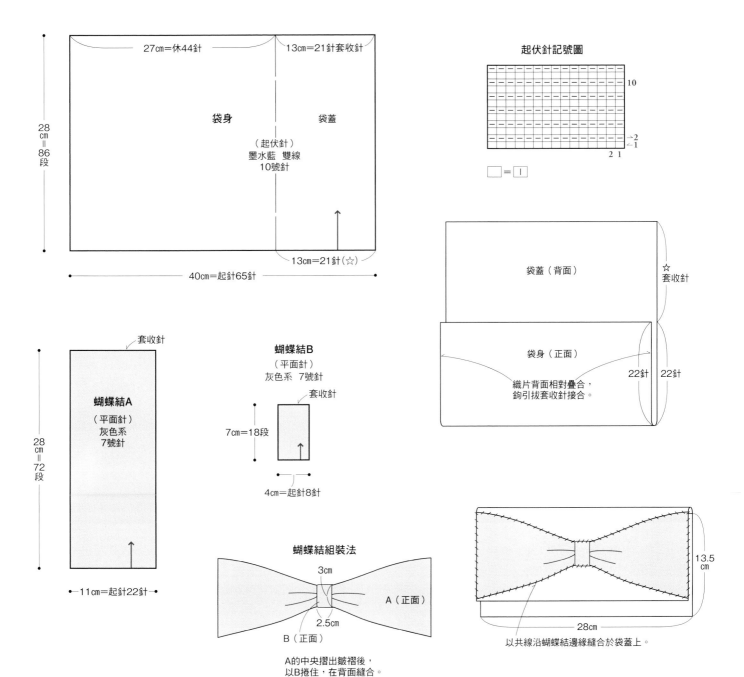

47   48   49

47-49

一眼認出自己的傘！
透明傘手把針織套

Design：Miko-Sabo

難 易 度	★ ★ ☆
線材	Hamanaka Piccolo
針	3號棒針、3/0號鉤針
織法	P.69

線材	Hamanaka Piccolo（25g／球）		
	47 焦茶色（17）6g　藏青色（36）2g　橄欖綠（32）少許		
	48 紅色（6）6g　米色（16）2g　粉紅色（39）少許		
	49 孔雀藍（43）6g　銀灰色（33）2g		
	黃綠色（9）少許		
針	Hamanaka Amiami 3號單頭棒針 2枝		
	樂樂雙頭鉤針 3/0號		
密度	花樣編①　10針＝3.5cm　32段＝10cm		
尺寸	參照圖示		

織法
取單線，依指定配色鉤織。
1　手指掛線起針10針，編織中央的花樣編①。
2　在步驟1的兩側挑針，編織花樣編②，最終段依織圖減針作出弧度。
3　將步驟2的織片正面相對疊合，鉤引拔併縫成管狀。
4　起針針目穿線，縮口束緊，將織片翻回正面。
5　開口處進行輪編的緣編。
6　鉤織抽繩，穿入指定位置即完成。

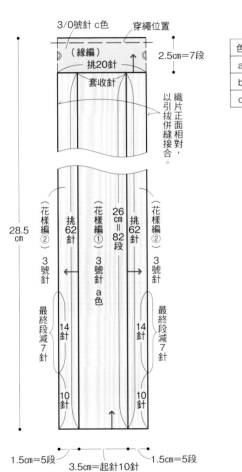

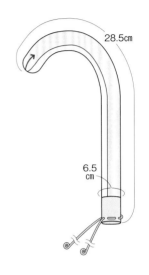

配色表

色	47	48	49
a	焦茶色	紅色	孔雀藍
b	藏青色	米色	銀灰色
c	橄欖綠	粉紅色	黃綠色

花樣編①記號圖　a色

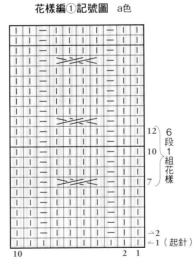

緣編　c色

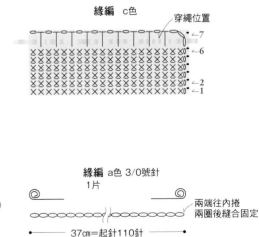

緣編 a色 3/0號針
1片
兩端往內捲
兩圈後縫合固定
37cm＝起針110針

花樣編②記號圖＆減針法

Part 3

居家小物

屋子裡若是擺放著充滿手作氣息的編織小物，
就能感受到暖暖的寧靜氛圍。
不妨動手鉤織令人愛不釋手的針織娃娃、清潔刷、
居家鞋以及坐墊等小物！
多作一些，還可以送給親朋好友呢！

50

51

52

50-52

穿著橫紋衣的
針織小老鼠

Design：Hamanaka企劃

難 易 度	★ ★ ☆
線材	Hamanaka Bonny
針	7/0號鉤針
織 法	P.72

線材	Hamanaka Bonny（50g／球）
	50 粉紅色（474）95g　藍色（462）、米白色（442）各10g
	51 土耳其綠（498）95g　橘色（415）、藏青色（473）各10g
	52 灰色（486）95g　紫色（437）、蘋果綠（492）各10g
針	Hamanaka Amiami 樂樂雙頭鉤針 7/0號
其他 （1隻份）	Hamanaka 雪豆（H204-547）約50g
	Hamanaka 抗菌防臭棉花 約65g
密度	短針　1.5針 1.5段=約1cm
尺寸	參照圖示

織法
取單線依指定配色鉤織。
1 參照織圖鉤織娃娃的各個部位。
2 將棉花填入頭部、雙手及雙腳。在娃娃的身體內填入雪豆與棉花。
3 縫合各個部位。
4 在娃娃的臉上繡縫五官，留意整體平衡。

配色表

色	50	51	52
	粉紅色	土耳其綠	灰色
	藍色	橘色	紫色
	米白色	藏青色	蘋果綠

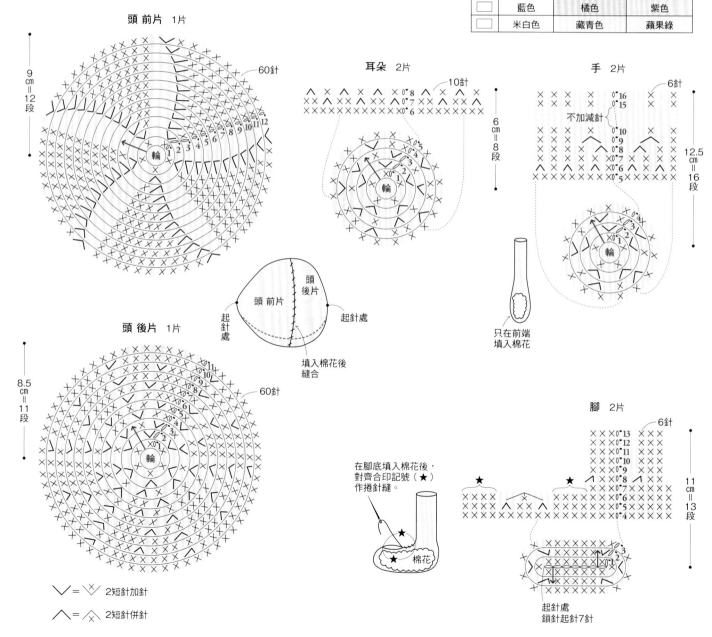

頭 前片　1片

頭 後片　1片

耳朵　2片

手　2片

腳　2片

$\vee$ = $\times\!\!\!\times$　2短針加針

$\wedge$ = $\times\!\!\!\times$　2短針併針

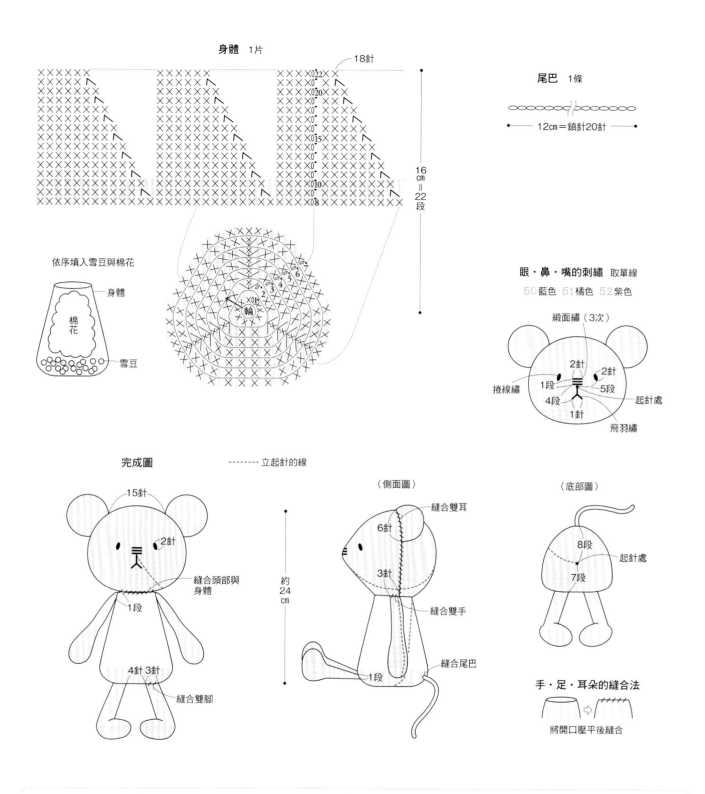

身體　1片

18針

022
020
15
10
08

16cm=22段

18針

依序填入雪豆與棉花

身體
棉花
雪豆

尾巴　1條

←—— 12cm＝鎖針20針 ——→

眼・鼻・嘴的刺繡　取單線
50 藍色　51 橘色　52 紫色

緞面繡（3次）

2針　2針
1段　5段
4段
1針

捲線繡
起針處
飛羽繡

完成圖　------ 立起針的線

15針

2針

縫合頭部與身體

1段

4針 3針

縫合雙腳

〈側面圖〉

縫合雙耳

6針

3針

縫合雙手

約24cm

1段

縫合尾巴

〈底部圖〉

8段
7段

起針處

手・足・耳朵的縫合法

將開口壓平後縫合

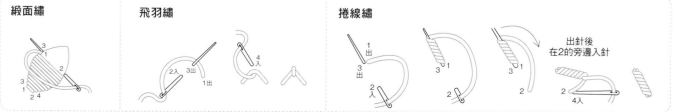

緞面繡　飛羽繡　捲線繡

出針後在2的旁邊入針

73

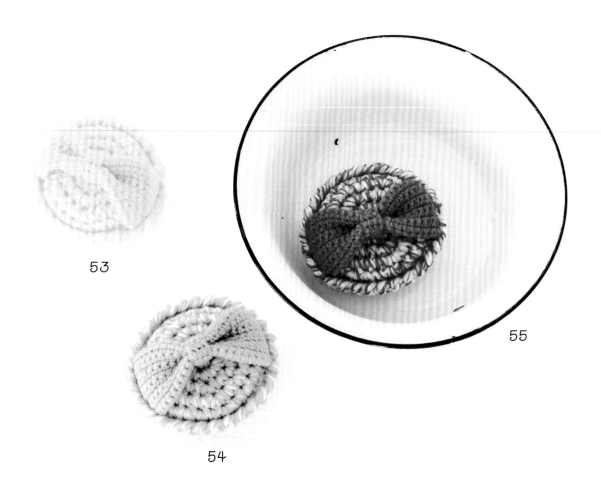

53

55

54

53-55

放在洗手台也很可愛的
蝴蝶結清潔刷

Design ：小田島綾美

難 易 度	★ ☆ ☆
線 材	Hamanaka Piccolo
針	9/0號、4/0號鉤針
織 法	P.75

線材	Hamanaka Piccolo（25g／球）		
	53 黃色（8）10g　白色（1）、奶油色（41）各6g		
	54 孔雀藍（43）10g　白色（1）、淺藍色（12）各6g		
	55 桃紅色（22）10g　白色（1）、淺粉紅（4）各6g		
針	Hamanaka Amiami 樂樂雙頭鉤針 9/0號、4/0號		
其他	直徑7.5cm、厚2cm的海綿		
密度	短針（3條線）　2段＝1.5cm		
尺寸	直徑9.5cm		

織法

蝴蝶結取單線，其餘皆為各色各取1條，以3條線鉤織。

1　上下片分別作輪狀起針，依織圖加針鉤織5段短針。

2　將上下片背面相對疊合，夾入海綿後，在兩織片上一起挑針，鉤織2段緣編。

3　蝴蝶結A、B分別作鎖針起針，鉤織不加減針的短針。接著將A的起針段與收針段鉤引拔接合。

4　依圖示組裝蝴蝶結A、B，將蝴蝶結重疊於上片，縫於緣編交界處。

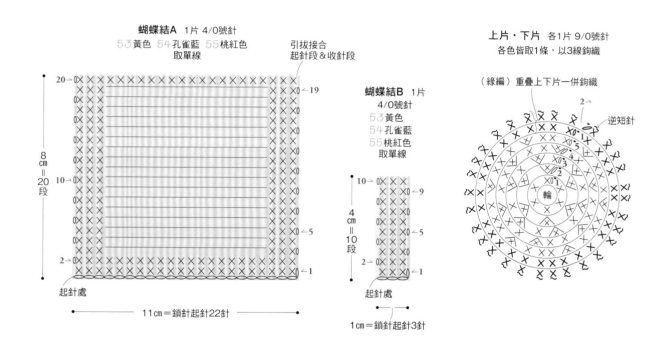

蝴蝶結A　1片 4/0號針
53 黃色　54 孔雀藍　55 桃紅色
取單線

引拔接合
起針段＆收針段

8cm＝20段

11cm＝鎖針起針22針

起針處

蝴蝶結B　1片
4/0號針
53 黃色
54 孔雀藍
55 桃紅色
取單線

4cm＝10段

起針處

1cm＝鎖針起針3針

上片・下片　各1片 9/0號針
各色皆取1條，以3線鉤織

（緣編）重疊上下片一併鉤織

逆短針

輪

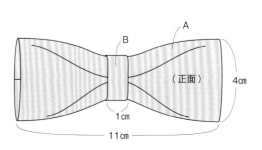

蝴蝶結組裝法

在A的中央作出褶子，
以B捲起縫合固定。

A
B
（正面）
4cm
1cm
11cm

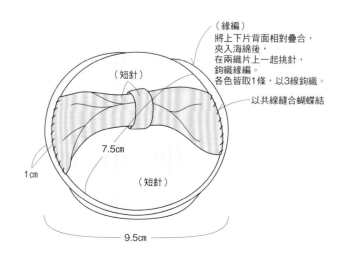

（緣編）
將上下片背面相對疊合，
夾入海綿後，
在兩織片上一起挑針，
鉤織緣編。
各色皆取1條，以3線鉤織。

以共線縫合蝴蝶結

（短針）
7.5cm
1cm
（短針）

9.5cm

**浴室清潔好幫手——
荷葉邊清潔刷**

Design ：藤ヶ谷純子

難 易 度	★ ★ ☆
線材	Hamanaka Love Bonny
針	5/0號、4/0號鉤針
織 法	P.77

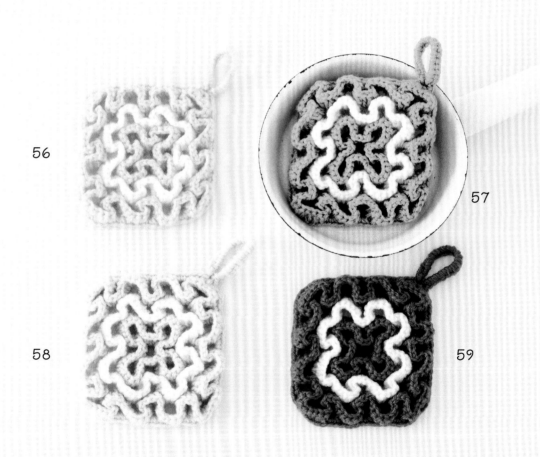

56

57

58

59

線材	Hamanaka Love Bonny（40g／球）	
	56	黃色（105）20g　米白色（101）5g
	57	黃綠色（124）20g　米白色（101）5g
	58	淺藍色（116）20g　米白色（101）5g
	59	鈷藍色（118）20g　米白色（101）5g
針	Hamanaka Amiami 樂樂雙頭鉤針 5/0號、4/0號	
密度	方眼編　22針 7段＝10cm正方形	
尺寸	11cm正方形（不含吊環）	

織法
取單線，只有荷葉邊的第2段使用米白色鉤織。
1　底座以5/0號針作鎖針起針22針後，換成4/0號針以方眼編織7段。
2　在指定位置上接線，在底座鉤織荷葉邊。
3　沿底座邊緣鉤織緣編，接著鉤織吊繩。

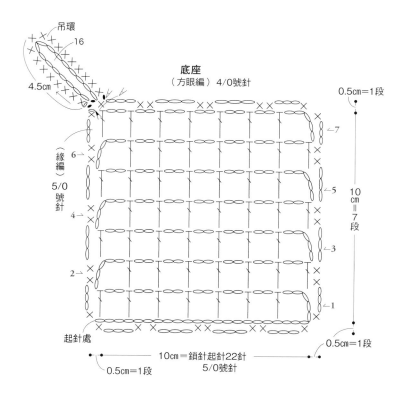

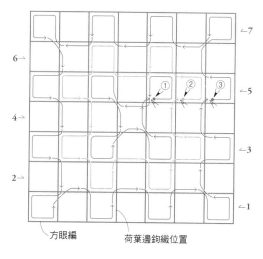

荷葉邊鉤織位置

方眼編　　荷葉邊鉤織位置

荷葉邊配色

第①段 ⎫
第③段 ⎬ 與底座同色
第②段 米白色

╲＝接線
╱＝剪線

※沿著箭頭（→）方向鉤織

荷葉邊 5/0號針

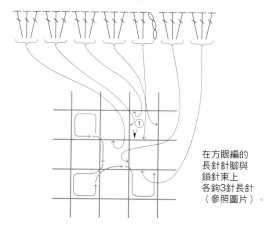

在方眼編的
長針針腳與
鎖針束上
各鉤3針長針
（參照圖片）。

1　在指定位置上接線，沿底座的
方眼編各鉤3針長針，作出荷
葉邊。

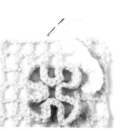

2　同樣在指定位置上接線，鉤織
第2、3段的荷葉邊。

60, 61

親子鬆緊髮帶

Design：幸村 惠

60
大人款

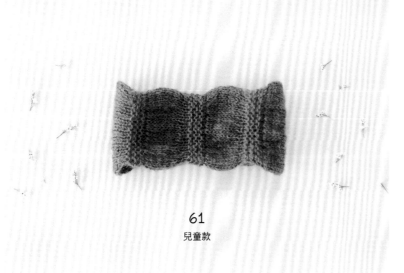

61
兒童款

難 易 度	★ ☆ ☆
線 材	Hamanaka Alpaca Mohair Fine
針	6號棒針
織 法	P.79

60, 61 親子鬆緊髮帶

線材	Hamanaka Alpaca Mohair Fine（25g／球）
	60 灰粉紅色（11）20g
	61 玫瑰粉（12）15g
針	Hamanaka Amiami 6號單頭棒針 2枝
密度	花樣編（平面針）33針＝10cm、
	（起伏針） 19針＝10cm 1組花樣（20段）＝6cm
尺寸	60 總長44cm 寬12cm
	61 總長38cm 寬8.5cm

織法
取單線鉤織。
1 別線起針，依織圖加減針編織花樣編，最終段暫休針。
2 拆開起針別線挑針，織片正面相對，起針段與休針段對齊，鉤引拔套收針接合。

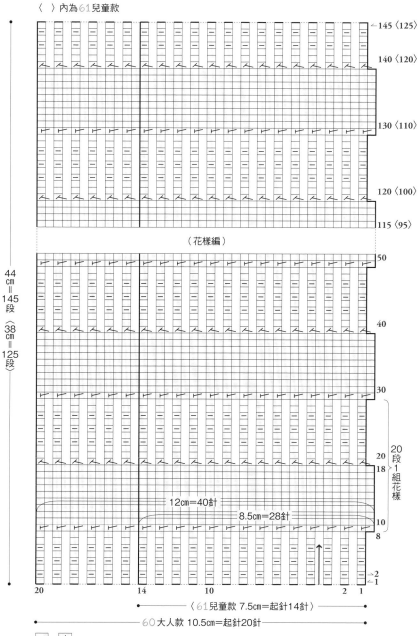

〈 〉內為61兒童款

（花樣編）

44cm＝145段 〈38cm＝125段〉

20段1組花樣

12cm＝40針
8.5cm＝28針

〈61兒童款 7.5cm＝起針14針〉
60大人款 10.5cm＝起針20針

□ = |

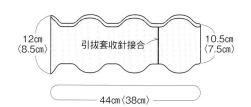

引拔套收針接合

12cm〈8.5cm〉 10.5cm〈7.5cm〉

44cm〈38cm〉

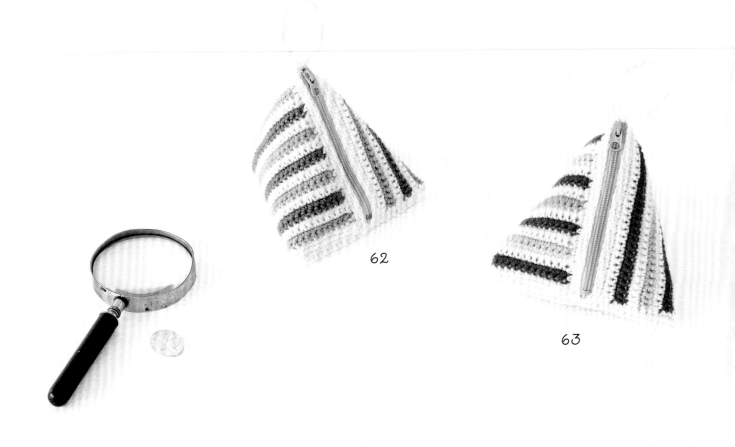

62

63

62, 63

可愛的條紋小粽子零錢包

Design：藤ヶ谷純子

難易度	★ ★ ☆
線材	Hamanaka Fairlady 50
針	7/0號、6/0號鉤針
織法	P.81

線材	Hamanaka Fairlady 50（40g／球）
	62　米白色（2）25g　淺藍色（80）、
	綠色（89）各10g　藍色（107）5g
	63　米白色（2）25g　玫瑰粉（93）、
	紫藤色（106）各10g　鮭魚粉（51）5g
針	Hamanaka Amiami 樂樂雙頭鉤針 7/0號、6/0號
其他	12cm的拉鍊　62 綠色　63 紫藤色
	手縫線
密度	短針條紋花樣　21針 23段＝10cm正方形
尺寸	參照圖示

織法
取單線，依指定配色鉤織，除起針處之外皆以6/0號針鉤織。
1　鎖針起針25針，鉤織29段不加減針的短針條紋花樣。
2　在步驟1左側挑26針，鉤織29段短針條紋花樣。
3　沿織片四周鉤織緣編，僅步驟1右側鉤織2段。
4　以回針縫接縫拉鏈。
5　織片背面相對疊合，使拉鏈位於邊端後，以短針併縫（●），接著鉤織提繩。
6　底邊的織片疊合方向如圖示，以短針接合（△、▲）。

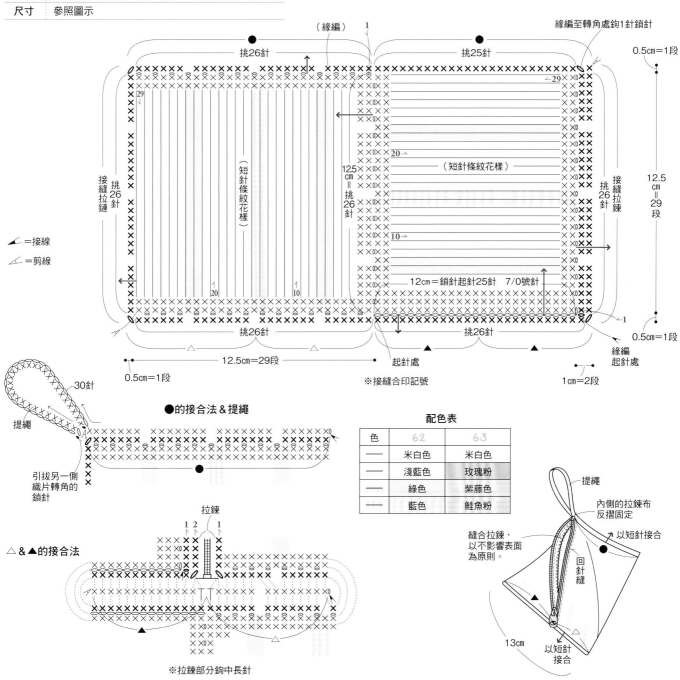

●的接合法＆提繩

△＆▲的接合法

※拉鍊部分鉤中長針

配色表

色	62	63
——	米白色	米白色
——	淺藍色	玫瑰粉
——	綠色	紫藤色
——	藍色	鮭魚粉

64, 65

以現成羊毛氈鞋底完成的
輕便家居鞋

Design：小出映子

難易度	★ ★ ☆
線材	Hamanaka Aran Tweed
針	7/0號鈎針
織法	P.83

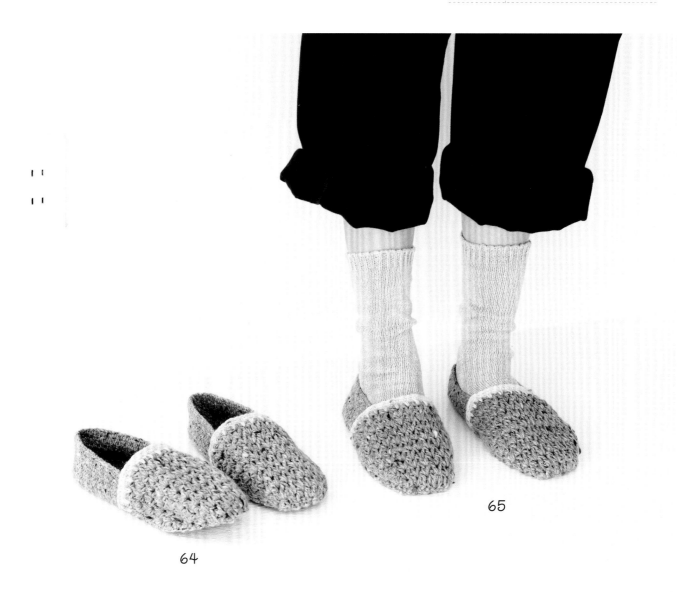

64

65

線材	Hamanaka Aran Tweed（40g／球）
	64 米色（2）70g　原色（1）5g
	65 灰色（3）70g　原色（1）5g
針	Hamanaka Amiami 樂樂雙頭鉤針 7/0號
其他	Hamanaka 羊毛氈室內鞋底（H204-594）1組
密度	花樣編① 15.5針＝10cm　2組花樣（4段）＝3cm
	花樣編② 23.5針＝10cm　11段＝5cm
尺寸	23cm

織法

取單線，僅鞋面緣編以原色鉤織。

1 鎖針起針13針，從鞋面開始鉤織，依織圖鉤織花樣編①，再接續鉤織緣編。

2 在羊毛氈鞋底挑針，以花樣編②鉤織鞋幫。

3 以毛邊繡將鞋面織片縫於羊毛氈鞋底上。

4 在鞋面內側縫合鞋幫。

5 以相同要領鉤織另一隻鞋。

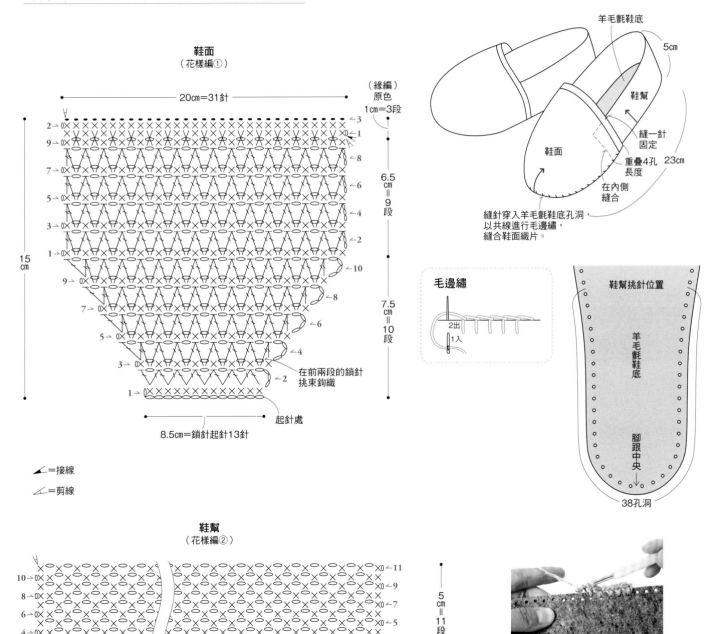

鞋面
（花樣編①）

（緣編）
原色
1cm＝3段

在前兩段的鎖針挑束鉤織

8.5cm＝鎖針起針13針

起針處

20cm＝31針
6.5cm＝9段
7.5cm＝10段
15cm

◣＝接線
◢＝剪線

羊毛氈鞋底
5cm
鞋幫
縫一針固定
鞋面
重疊4孔長度
23cm
在內側縫合

縫針穿入羊毛氈鞋底孔洞，以共線進行毛邊繡，縫合鞋面織片。

毛邊繡
2出
1入

鞋幫挑針位置
羊毛氈鞋底
腳跟中央
38孔洞

鞋幫
（花樣編②）

32cm＝75針 從羊毛氈鞋底腳跟處的孔洞開始挑針

5cm＝11段

（挑針）

從羊毛氈鞋底的指定位置開始挑針鉤織，重複鉤織1針短針、1針鎖針的步驟。

66

讓熱飲維持暖呼呼的
針織杯套

Design：廣石咲子

難 易 度	★ ☆ ☆
線材	Hamanaka Men's Club Master
針	10號棒針　6/0號鉤針
織法	P.85

67

毛茸茸綿羊造型
捲尺套

Design：清野加奈惠

難 易 度	★ ☆ ☆
線材	Hamanaka Sonomono Loop Sonomono Alpaca Wool〈並太〉、 Korpokkur
針	8/0號、5/0號鉤針
織法	P.85

線材	Hamanaka Men's Club Master（50g／球）
	紅色（42）15g
針	Hamanaka Amiami 10號棒針 2枝
	樂樂雙頭鉤針 6/0號
其他	直徑1.8cm鈕釦2個
密度	花樣編　21.5針＝10cm　20段＝8cm
尺寸	參照圖示

織法
取單線鉤織。
1　手指繞線起針43針，進行不加減針的花樣編，最終段織套收針。
2　鉤織鈕環，縫於指定位置。
3　縫上鈕釦。

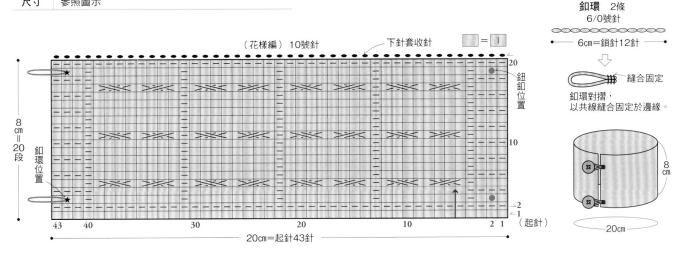

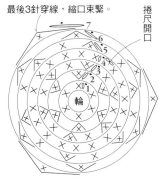

鈕環　2條
6/0號針

6cm＝鎖針12針

縫合固定

鈕環對摺，
以共線縫合固定於邊緣。

20cm

線材	Hamanaka Sonomono Loop（40g／球）
	米白色（51）10g
	Sonomono Alpaca Wool〈並太〉（40g／球）
	深棕色（63）少許
	Korpokkur（25g／球）　黑色（18）少許
針	Hamanaka Amiami 樂樂雙頭鉤針
	8/0號、5/0號
其他	直徑5.5cm圓形捲尺1個
	深棕色不織布少許　手縫線
尺寸	直徑6.5cm

織法
取單線，以指定線材鉤織。
1　手指繞線作輪狀起針，依織圖鉤織短針的綿羊身體，一邊進行一邊包住捲尺，將最後3針穿線，縮口束緊。
2　鎖針起針9針，依織圖鉤織綿羊臉部。
3　將臉部縫於身體的最終段那面，接著繡縫眼睛。
4　將不織布剪成雙腳與尾巴，依圖示在身體上縫合雙腳與尾巴。

身體　1片　（短針）8/0號針
Sonomono Loop

最後3針穿線，縮口束緊。

捲尺開口

鉤至第5段時放入捲尺，
再繼續鉤織第6、7段，
將捲尺包裹起來。

尾巴的原寸紙型
不織布　1片

沿黑線剪開

腳的原寸紙型
不織布　2片

臉　1片
（短針）5/0號針
Alpaca Wool〈並太〉

剪線

鎖針起針9針　　起針處

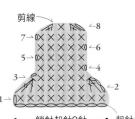

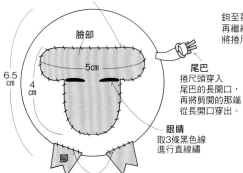

以共線縫合

臉部

5cm

6.5cm

4cm

腳

以手縫線縫合

尾巴
捲尺頭穿入
尾巴的長開口，
再將剪開的那端
從長開口穿出。

眼睛
取3條黑色線
進行直線繡

直線繡

2入

3出

1出

68-70

以滑針編織的
花樣編坐墊

Design：渡辺まゆみ

難易度	★★☆
線材	Hamanaka Bonny
針	8號棒針　7.5/0號鉤針
織法	P.87

68

70

69

	Hamanaka Bonny（50g／球）	
線材	68　芥末黃（491）130g　米白色（442）90g	
	69　土耳其綠（498）130g　米白色（442）90g	
	70　米色（417）75g　蘋果綠（492）50g	
	焦茶色（419）、深橘色（414）各45g	
針	Hamanaka Amiami 8號單頭棒針 2枝　樂樂雙頭鉤針 7.5/0號	
密度	花樣編　17針 28段＝10cm正方形	
尺寸	68・69　37.5cm正方形　70　37.5×34.5cm	

織法

取單線依指定配色鉤織。

1 前片、後片分別以手指掛線起針57針，進行不加減針的花樣編。

2 兩織片背面相對重疊，看著前片鉤織引拔併縫。

3 緣編①是在步驟2的引拔針挑針，前、後片分別挑針鉤織。

4 將前、後片的緣編①對齊疊合，一併鉤織緣編②。

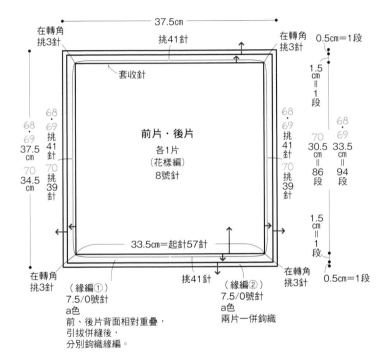

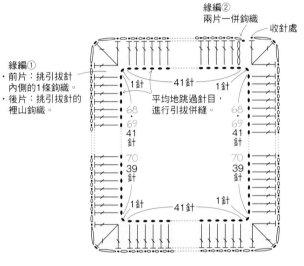

配色表			
色	68	69	70
a	芥末黃	土耳其綠	米色
b	米白色	米白色	焦茶色
c			蘋果綠
d			深橘色

花樣編記號圖

1 花樣編的第3段，改換指定色織下針，滑針處則是將前段目直接往右針移動，不編織。第4、5段的滑針也以相同要領編織。

2 鉤織數段後的模樣。

線材	Hamanaka Amerry（40g／球） 深紅色（5）65g
針	Hamanaka Amiami 6號單頭棒針 2枝　4號特長棒針 4枝
密度	花樣編　19針 29段＝10cm正方形
尺寸	頭圍42cm　高18cm

織法　取單線鉤織。

1　別線起針42針，依織圖一邊在右側加針、在左側減針，一邊進行花樣編，織完最後一段後暫休針。

2　一邊拆開起針別線一邊挑針，將起針段與休針段正面相對疊合，進行引拔接合。

3　在減針側挑針，以輪編編織一針鬆緊針，最後進行一針鬆緊針的收縫。

4　在加針側穿線，以平針法穿線兩圈後，縮口束緊。

5　製作毛球，完成後縫於帽子頂端即完成。

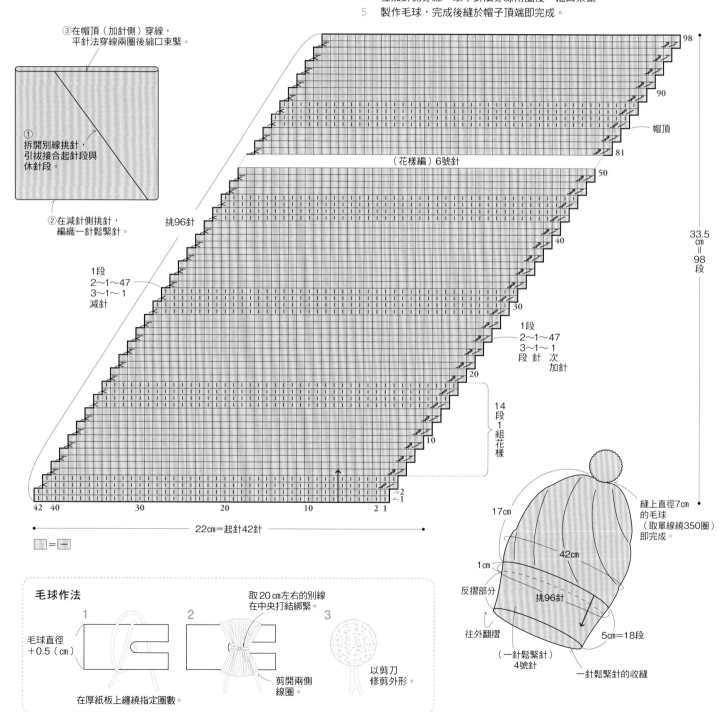

③在帽頂（加針側）穿線，平針法穿線兩圈後縮口束緊。

①拆開別線挑針，引拔接合起針段與休針段。

②在減針側挑針，編織一針鬆緊針。

（花樣編）6號針

98
90
81
帽頂
50
40
30
20
10
挑96針

1段
2～1～47
3～1～1
減針

1段
2～1～47
3～1～1
段　針　次
　　　　加針

14段1組花樣

33.5cm＝98段

42　40　　30　　20　　10　2 1
22cm＝起針42針

□□＝ ―

毛球作法

毛球直徑＋0.5（cm）

1　在厚紙板上纏繞指定圈數。

2　取20cm左右的別線在中央打結綁緊。
剪開兩側線圈。

3　以剪刀修剪外形。

縫上直徑7cm的毛球（取單線繞350圈）即完成。

17cm
1cm
42cm
挑96針
反摺部分
往外翻摺
5cm＝18段
（一針鬆緊針）4號針
一針鬆緊針的收縫

42　環環相連的針織項鍊

42　環環相連的針織項鍊

線材	Hamanaka Fairlady 50（40g／球） 白色（1）25g
針	Hamanaka Amiami 樂樂雙頭鉤針 5/0號
其他	Hamanaka塑膠環（12mm・H204-588-12）50個
密度	繩編　5針＝2cm
尺寸	長約84cm

織法
取單線，參照織圖鉤織。

1　線球側的織線為a，預留的織線為b，
　先掛b線再掛a線鉤織36cm的繩編（參照
　P.46）。
2　b線暫休，以a線在塑膠環上鉤織18針中
　長針（圖1）。
3　夾入b線鉤引拔（圖2）。
4　依步驟2、3的順序，再鉤織1個塑膠環。
5　鉤織5針繩編。（圖3）
6　重複步驟2～5，鉤織25組（50個）塑膠
　環後，與起針處連接成環。

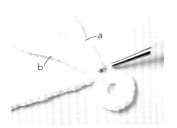

1　鉤織36cm的繩編，在塑膠環
　鉤織18針中長針。

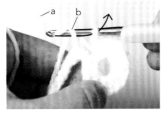

2　先將b線掛於針上，再掛a線
　引拔。

3　在下一個塑膠環鉤入18針中
　長針，將b線置於中間鉤引拔
　針後，再鉤5針繩編。重複相
　同步驟。

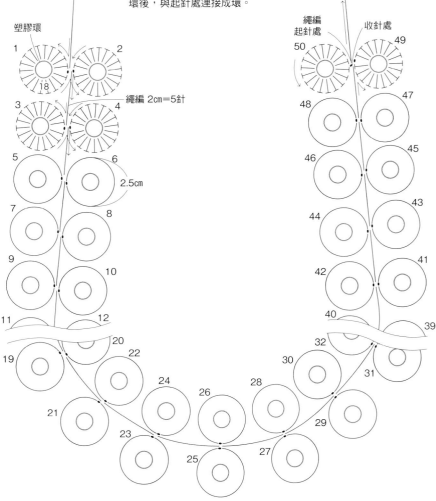

繩編36cm

塑膠環

繩編 2cm＝5針

繩編
起針處　　收針處

2.5cm

針目記號＆織法　針目記號是從正面看著織片時的操作記號。
除了幾個針目例外（掛針・捲加針・滑針），針目皆在下一段成形。

下針
|

上針
—

掛針
○

捲加針
W

滑針
V
不編織，
直接移至右針，
織線置於外側。

右上2併針
入
②織下針。
①不編織
直接移至
右針。
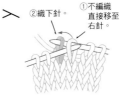
將①覆蓋在②上。

左上2併針
入

2針一起編織下針。

右上2併針（上針）

左棒針依箭頭指示挑起針目，
2針在交叉的狀態下一起編織。

左上2併針（上針）
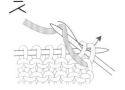
2針一起織下針。

右加針
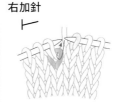
右棒針如圖挑起前段針目，
織下針。

扭針
Q

扭針（上針）
Q

右棒針依箭頭指示穿入。　編織步驟同上針。

套收針
●

織2針，以第2針覆蓋第1針，
接下來再織1針，
以右側針目覆蓋。
織上針時，以上針套收。

寄針

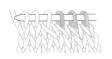
正常編織的下針，
但是因為加針或減針
讓針目呈自然傾斜狀。

右上交叉（2針）

針目1・2
穿入麻花針，
置於內側，
接著織2針下針。

麻花針上的針目織下針。

左上交叉（2針）

針目1・2
穿入麻花針，
置於內側，
接著織2針下針。

麻花針上的針目織下針。

右上交叉（下針2針＆上針1針的交叉）

針目1・2
穿入麻花針，
置於內側，
接著織1針上針。

麻花針上的針目織下針。

左上交叉（下針2針＆上針1針交叉）
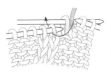
針目1穿入麻花針，
置於外側，
接著織2針下針。

麻花針上的針目織上針。

右棒針依箭頭
指示挑針，
套在右側
2針目上。

依序編織下
針、掛針及
下針。

上針記號的標示法

上針會在針目記號
加上「—」標明。

手指掛線起針法

1

織線如圖掛在左手
大拇指與食指上,
棒針依箭頭指示
挑線。

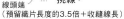

線頭端
（預留織片長度的3.5倍＋收縫線長）

2

如圖示挑起
食指上的織線,
穿入大拇指上方
的線圈。

3

鬆開
大拇指上
的線。

4

大拇指輕輕下壓收緊針目,
完成第1針。

5

棒針如箭頭指示,
挑起大拇指上的織線。

6

挑起食指上的織線,
穿入大拇指上方的線圈。

7

鬆開大拇指上的線。

8

以大拇指輕輕下拉,
收緊線環完成第2針。
重複步驟5至8,完成必要針數。

9

完成！起針段算作第1段。
抽出一支棒針,
以抽出的棒針開始編織。

線頭側

別線起針

1

線頭側

以別線鉤織
必要針數的鎖針,
棒針穿入鎖針裡山,
鉤出織線。

2

重複步驟1,完成必要針數
（此為第1段）。

3

第1段完成的模樣。

4

一邊拆開起針處的鎖針,
一邊穿入棒針。

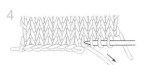

一針鬆緊針收縫（輪編）

1

收針處（○）

3 2 1

在針目2的外側出針,
從1・3入針。

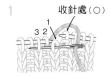

2

跳過下針,
從上針之間入針。

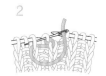

3

跳過上針,
從下針之間入針。

4

重複步驟2・3,
最後從針目1入針。

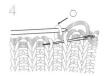

5

縫針如圖從○與2
（上針）入針,
依箭頭方向出針。

6

收針

針目與針目之間的加針法

1

2

3

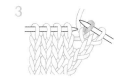

右側邊端針目織下針,
以右棒針挑起
第1針與第2針之間的
渡線,織扭針。

捲加針

在左側加針的方法

左手掛線,
右棒針依箭頭指示挑針後,
鬆開左手手指。

必要針數

完成必要針數

在右側加針的方法

右手掛線,左棒針依箭頭指示挑針後,
鬆開右手手指。

必要針數

完成必要針數

在背面渡線的方法

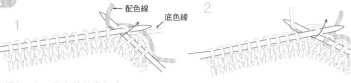
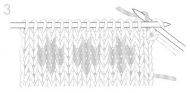

配色線
底色線

進行至加入配色線的織段時，
可在編織邊端針目時，夾入配色線織1針。
底色線在下，以配色線織一針。

配色線置於底色線上方暫休針，
以底色線繼續編織。

編織時，不要將渡線拉得太緊，
以免織片不平整。

將起針針目接合成輪編的方法

一般的
起針針目

線頭側

製作必要針數後，
將針目分別移至3枝棒針上。

另取棒針挑第1針編織，連接成環。
※留意不可讓針目扭曲。

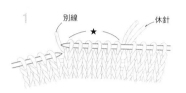
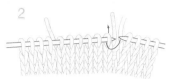

別線
休針

★

底色線在指定位置前休針，
另取別線編織指定針數（★）。

將別線編織的針目移回左棒針，
再挑別線針目繼續編織。

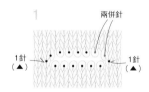

兩併針

1針
(▲)

1針
(▲)

拆開別線，
沿上下挑針，
將手指的針目分
至3枝棒針上，
接線後織第1段。

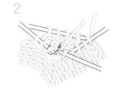

▲部分是以
左棒針挑起，
右棒針依箭頭方向
扭轉挑1針。

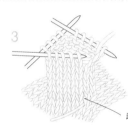

第2段開始
以不加減針的
輪編進行。

起針處

引拔接合

兩織片正面相對疊合，以鉤針引拔接合。
小心不要拉扯織片，鉤織時較鬆的引拔針。

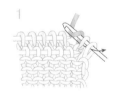

平針接縫

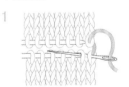
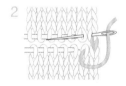

兩織片正面朝上平行對齊，
從下側的針目開始入針。

接下來在上側的織片入針，
對縫接合。

引拔套收針接合

兩織片正面相對疊合，
以鉤針引拔外側的針目，
進行引拔接合。

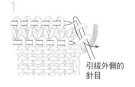
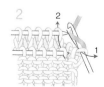

引拔外側的
針目

2
1

引拔綴縫

兩織片正面相對疊合，
從一端的第1針與
第2針之間入針，
掛線後引拔。

挑針綴縫

以預留的線段，
從下方縫合兩織片。

挑起2條線。

鉤針編織基礎

針目記號＆織法

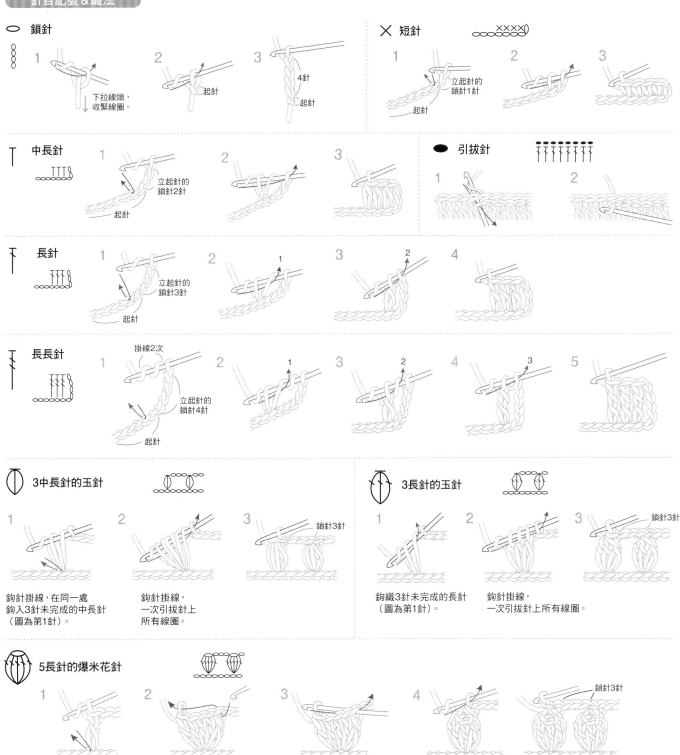

○ 鎖針

1　下拉線頭，收緊線圈。

2　起針

3　4針　起針

✕ 短針

1　立起針的鎖針1針　起針

2

3

┬ 中長針

1　立起針的鎖針2針　起針

2

3

● 引拔針

1

2

┬ 長針

1　立起針的鎖針3針　起針

2　1

3　2

4

長長針

1　掛線2次　立起針的鎖針4針　起針

2　1

3　2

4　3

5

3中長針的玉針

1　鉤針掛線，在同一處鉤入3針未完成的中長針（圖為第1針）。

2　鉤針掛線，一次引拔針上所有線圈。

3　鎖針3針

3長針的玉針

1　鉤織3針未完成的長針（圖為第1針）。

2　鉤針掛線，一次引拔針上所有線圈。

3　鎖針3針

5長針的爆米花針

1　在同一處鉤入5針長針。

2　將鉤針抽出，依箭頭指示從第1針入針後重新穿回。

3　依箭頭指示鉤出針目。

4　鉤針掛線，以鉤織鎖針的要領鉤1針，此針為針頭。　鎖針3針

逆短針

 **1**
鉤針如圖示旋轉，
回頭挑針。

 2
鉤針掛線，
依箭頭方向鉤出。

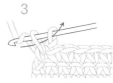 **3**
鉤針掛線，
一次引拔2個線圈。

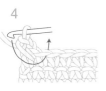 **4**
重複步驟1至3，
由左往右鉤織。

 **5**

 3鎖針的結粒針

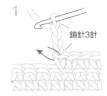 **1**
鉤3針鎖針。
依前箭頭指示，
挑短針針頭的
半針與針腳的
一條線。

2
鉤針掛線，
一次引拔針上
所有線圈，
將線拉緊。

3
引拔針
完成！
下一針鉤短針。

 短針筋編

 1
僅挑前段短針針頭
外側的1條線鉤織。

2
完成內側1條線浮凸於織片，
呈現條紋狀的筋編。

 2短針加針

 **1**
在同一針目
鉤織2針短針。

2

 2長針加針

1
在同一針目鉤織
2針長針。

2
※不同針數，
也是以相同要領鉤織。

 3短針加針
1
在同一針目鉤織3針短針。

記號的區別

針腳相連時

鉤針穿入前段
的1針中鉤織。

 2短針併針

 1
同短針一樣鉤出織線後，
下一針也與1相同，
鉤出織線。

2
鉤針掛線，一次引拔，將2針併成1針。

3

 3短針併針

要領同「2短針併針」，
將3針未完成的短針
併成一針。

針腳分開時

鉤針穿入鎖針下方空隙，
將整段挑束鉤織。

 2長針併針

1
鉤織2針未完成的
長針。

2
鉤針掛線，一次引拔，將2針併成1針。

3

 3長針併針

要領同「2長針併針」，
將3針未完成的長針併成一針。

裡引短針

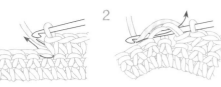

1 鉤針從背面橫向穿入前段針目的針腳。

2 鉤針掛線，依箭頭指示往外側鉤出織線。

3 鉤出稍長的織線，以短針的要領鉤織。

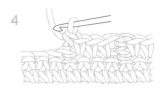

4 前段針目的鎖狀針頭會朝內側（正面）露出。看著背面鉤織時，則是鉤表引針。

表引長針

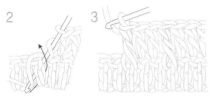

1 鉤針掛線，依箭頭指示從正面橫向穿入前段的針腳。

2 鉤針掛線，避免前段針目或相鄰針目歪斜，小心地鉤織長針。

3

裡引長針

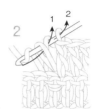

1 鉤針掛線，依箭頭指示從背面橫向穿入前段針目的針腳。

2 鉤出稍長的織線，以長針的要領鉤織。

以引拔針拼接的方法

1

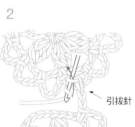

2 引拔針

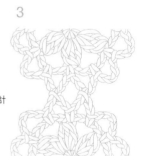

3

接縫法

全針目的捲針縫

織片對齊疊合，1針1針逐一挑縫針頭的2條線。

繞線作輪狀起針

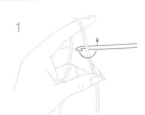

1 2 3

4

5

鉤針掛線，依箭頭方向鉤出織線。

鉤織立起針的鎖針。

鉤針穿入輪中鉤織針目。

6 7

8 拉緊

連同線頭一併包裹鉤織。

鉤入必要針數，拉緊線頭。鉤針依箭頭所示穿入第1針。

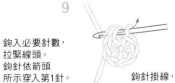

9

鉤針掛線，鉤引拔針。

10

【Knit・愛鉤織】53

暖心訂製・手織小物70款
手作教室的人氣小物大集合！

作　　者／岡本啟子 監修・朝日新聞出版 編著
譯　　者／鄭昀育
發 行 人／詹慶和
總 編 輯／蔡麗玲
執行編輯／蔡毓玲
編　　輯／劉蕙寧・黃璟安・陳姿伶・李佳穎・李宛真
執行美編／周盈汝
美術編輯／陳麗娜・韓欣恬
出 版 者／雅書堂文化事業有限公司
發 行 者／雅書堂文化事業有限公司
郵撥帳號／18225950
戶　　名／雅書堂文化事業有限公司
地　　址／新北市板橋區板新路206號3樓
電　　話／（02）8952-4078
傳　　真／（02）8952-4084
電子郵件／elegantbooks@msa.hinet.net

2018年01月初版一刷　定價380元

經銷／易可數位行銷股份有限公司
地址／新北市新店區寶橋路235巷6弄3號5樓
電話／（02）8911-0825
傳真／（02）8911-0801

國家圖書館出版品預行編目資料

暖心訂製．手織小物70款：手作教室的人氣小物大集
合！/岡本啟子監修；鄭昀育譯 . –
初版 . -- 新北市：雅書堂文化, 2018.01
面；　公分 . -- (愛鉤織；53)
ISBN 978-986-302-409-5(平裝)

1. 編織 2. 手工藝

426.4　　　　　　　　　　　　106024368

STAFF

監修　岡本啓子
（編織設計師、K's K工作室負責人、日本手藝普及協會理事）
本書刊載的編織作品，皆是由師事岡本啓子的年輕設計師所設計製作。

書籍設計／平木千草
攝影／滝沢育絵
步驟攝影／中辻 渉
視覺呈現／西森 萌
髮型＆化妝／高野智子
模特兒／Noe Saathoff & Rieko Saathoff
製圖／沼本康代　白熊工坊
編輯／小出かがり（Little Bird）
主編／朝日新聞出版 生活．文化編輯部（森 香織）

《攝影協力》
BUCOLIC＆FROLIC　　Tel. 03-5794-3553
P.4、P.12、P.28、P.44、P.70白色罩衫／maison de soil
P.12、P.44吊帶褲／Modele Particulier ARMEN
P.14、P.36印花連身裙／maison de soil
P.20格紋連身裙／maison de soil
P.22、P.28黑色罩衫／maison de soil
P.24、P.78格子襯衫／HARROW TOWN STORES
P.32、P.60黑色絲綢長版上衣／maison de soil
P.32，P.60綠色絲綢長版上衣／maison de soil
AWABEES　Tel. 03-5786-1600
UTUWA　Tel. 03-6447-0070

《線材＆材料》
Hamanaka株式會社
京都本社　〒616-8585　京都市右京區花園藪之下町2-3
東京分店　〒103-0007　東京都中央區日本橋濱町1-11-10
http://www.hamanaka.co.jp/